U0173726

智能制造领域高级应用型人才培养系列教材

# 工业机器人虚拟仿真技术

主　编　禹鑫燚　　王振华　欧林林

副主编　陈　强

参　编　郭　玉　龚　理　袁振东　朱　峰

主　审　孙立宁

机械工业出版社

CHINA MACHINE PRESS

本书主要介绍了工业机器人虚拟仿真软件 RoboDK 的基础操作、工业机器人虚拟工作站的构建、常用机构创建及仿真编程方法。全书采用以图为主的讲解方式，主要内容包括工业机器人虚拟仿真软件 RoboDK、RoboDK 基础操作、机器人虚拟仿真工作站构建、RoboDK 常用机构创建、基于 Program 的机器人仿真编程、基于 RoboDK API 的机器人仿真编程、工业机器人复杂搬运仿真案例、工业机器人传送带码垛仿真案例、工业机器人焊接仿真案例、工业机器人打磨仿真案例、工业机器人喷涂仿真案例和工业机器人写字仿真案例。

本书可用于高等职业院校和普通高校工业机器人相关专业的教材，也可供从事工业机器人应用工作的企业工程技术人员参考。

本书配有微课视频，读者可扫描书中二维码观看，或登录机械工业出版社教育服务网 www.cmpedu.com 注册后下载。咨询电话：010-88379375。

## 图书在版编目（CIP）数据

工业机器人虚拟仿真技术 / 禹鑫燚，王振华，欧林林主编 .—北京：机械工业出版社，2018.12（2022.1 重印）

智能制造领域高级应用型人才培养系列教材

ISBN 978-7-111-61310-7

Ⅰ.①工… Ⅱ.①禹… ②王… ③欧… Ⅲ.①工业机器人 - 计算机仿真 - 虚拟现实 - 高等学校 - 教材 Ⅳ.① TP242.2

中国版本图书馆 CIP 数据核字 (2018) 第 249883 号

机械工业出版社（北京市百万庄大街 22 号 邮政编码 100037）
策划编辑：薛 礼 责任编辑：薛 礼
责任校对：杜雨霏 封面设计：鞠 杨
责任印制：单爱军
河北宝昌佳彩印刷有限公司印刷
2022 年 1 月第 1 版第 5 次印刷
184mm×260mm · 11.5 印张 · 276 千字
标准书号：ISBN 978-7-111-61310-7
定价：38.00 元

电话服务　　　　　　　　网络服务
客服电话：010-88361066　机 工 官 网：www.cmpbook.com
　　　　　010-88379833　机 工 官 博：weibo.com/cmp1952
　　　　　010-68326294　金 书 网：www.golden-book.com
封底无防伪标均为盗版　机工教育服务网：www.cmpedu.com

# 序

制造业是实体经济的主体，是推动经济发展、改善人民生活、参与国际竞争和保障国家安全的根本所在。纵观世界强国的崛起，都是以强大的制造业为支撑的。在虚拟经济蓬勃发展的今天，世界各国仍然高度重视制造业的发展。制造业始终是国家富强、民族振兴的坚强保障。

当前，新一轮科技革命和产业变革在全球范围内蓬勃兴起，创新资源快速流动，产业格局深度调整，我国制造业迎来"由大变强"的难得机遇。实现制造强国的战略目标，关键在人才。在全球新一轮科技革命和产业变革中，世界各国纷纷将发展制造业作为抢占未来竞争制高点的重要战略，把人才作为实施制造业发展战略的重要支撑，加大人力资本投资，改革创新教育与培训体系。当前，我国经济发展进入新时代，制造业发展面临着资源环境约束不断强化、人口红利逐渐消失等多重因素的影响，人才是第一资源的重要性更加凸显。

《中国制造 2025》第一次从国家战略层面描绘建设制造强国的宏伟蓝图，并把人才作为建设制造强国的根本，对人才发展提出了新的更高要求。提高制造业创新能力，迫切要求培养具有创新思维和创新能力的拔尖人才、领军人才；强化工业基础能力，迫切要求加快培养掌握共性技术和关键工艺的专业人才；信息化与工业化深度融合，迫切要求全面增强从业人员的信息技术运用能力；发展服务型制造业，迫切要求培养更多复合型人才进入新业态、新领域；发展绿色制造，迫切要求普及绿色技能和绿色文化；打造"中国品牌""中国质量"，迫切要求提升全员质量意识和素养等。

哈尔滨工业大学在 20 世纪 80 年代研制出我国第一台弧焊机器人和第一台点焊机器人，30 多年来为我国培养了大量的机器人人才；苏州大学在产学研一体化发展方面成果显著；天津职业技术师范大学从 2010 年开始培养机器人职教师资，秉承"动手动脑，全面发展"的办学理念，进行了多项教学改革，建成了机器人多功能实验实训基地，并开展了对外培训和鉴定工作。这套规划教材是结合这些院校人才培养特色以及智能制造类专业特点，以"理论先进，注重实践、操作性强，学以致用"为原则精选教材内容，依据在机器人、数控机床的教学、科研、竞赛和成果转化等方面的丰富经验编写而成的。其中有些书已经出版，具有较高的质量，未出版的讲义在教学和培训中经过多次使用和修改，亦收到了很好的效果。

我们深信，这套丛书的出版发行和广泛使用，不仅有利于加强各兄弟院校在教学改革方面的交流与合作，而且对智能制造类专业人才培养质量的提高也会起到积极的促进作用。

当然，由于智能制造技术发展非常迅速，编者掌握材料有限，本套丛书还需要在今后的改革实践中获得进一步检验、修改、锤炼和完善，殷切期望同行专家及读者们不吝赐教，多加指正，并提出建议。

苏州大学教授、博导
教育部长江学者特聘教授
国家杰出青年基金获得者
国家万人计划领军人才
机器人技术与系统国家重点实验室副主任
国家科技部重点领域创新团队带头人
江苏省先进机器人技术重点实验室主任

2018 年 1 月 6 日

# Preface 前言

RoboDK 相比其他离线仿真软件具有诸多优势，可支持 ABB、KUKA、FANUC、安川、柯马、汇博及埃夫特等多种品牌机器人的离线仿真，且仿真功能全面，为用户生成离线程序、体验机器人的功能实现过程提供了一个更加安全有效的工具和保障。

本书从基础案例出发，采用以图为主的讲解形式，对 RoboDK 仿真软件的基础操作、工作站建模、仿真程序编程、离线程序、程序后处理、二次开发进行了全面的介绍，适合作为工业机器人工程应用仿真课程的教材。也可供从事工业机器人应用开发、调试和现场维护的工程技术人员参考。

本书由禹鑫燚、王振华、欧林林担任主编，陈强担任副主编。本书编写分工为禹鑫燚编写第 1、3、6、7 章，王振华、龚理和袁振东编写第 8、11、12 章，欧林林和朱峰编写第 2、5 章，陈强和郭玉编写第 4、9、10 章。全书由禹鑫燚统稿。

本书配有微课视频，读者可扫描书中二维码观看。

本书得到了国家高等学校特色专业建设点（TS11878）、浙江工业大学校级专业教学项目教改课题的资助。本书在编写过程中参阅了其他教材、著作，得到了加拿大 RoboDK 公司 Albert 博士、浙江工业大学信息工程学院信息处理与自动化研究所，以及江苏汇博机器人技术股份有限公司的大力支持和帮助，在此深表谢意！本书承苏州大学孙立宁教授细心审阅，提出了许多宝贵意见，在此表示衷心的感谢！

由于编者水平所限，书中难免存在不妥之处，恳请同行专家和读者不吝赐教，批评指正（可通过 yuxinyinet@163.com 与编者取得联系）。

编　者

# 二维码清单

| 页码 | 名称 | 图形 | 页码 | 名称 | 图形 |
|------|------|------|------|------|------|
| 1 | 第1章 | | 8 | 第2章 | |
| 14 | 第3章 | | 29 | 第4章 | |
| 40 | 第5章 | | 72 | 第6章 | |
| 89 | 第7章 | | 101 | 第8章 | |
| 114 | 第9章 | | 130 | 第10章 | |
| 147 | 第11章 | | 161 | 第12章 | |

# Contents    目录

# 第1章
# 工业机器人虚拟仿真软件 RoboDK

## 1.1 RoboDK 软件简介

RoboDK 是专为工业机器人教学实训以及工业机器人应用离线编程打造的虚拟仿真软件。针对工业机器人教学实训，用户可以使用 RoboDK 构建工业机器人教学实训工作站的虚拟场景，结合 RoboDK 虚拟示教器系统，进行工业机器人操作与编程的教学与实训；针对工业机器人离线编程，用户可以使用 RoboDK 进行机器人工业应用方案的设计，如机器人选型、布局规划、流程验证和工艺分析等，然后利用 RoboDK 进行机器人工业应用的离线编程，生成机器人离线程序。RoboDK 具体功能如下：

1）支持多种品牌机器人。RoboDK 支持 ABB、KUKA、FANUC、安川、川崎、史陶比尔、UR、柯马、汇博机器人、埃夫特和广州数控等多种品牌机器人的离线仿真，也支持 Delta、Scara 类型的机器人离线仿真，且正在不断更新模型库中的机器人模型。RoboDK 具有可扩展机器人关节的外部轴模型和不同品牌的机器人工具模型。

2）离线仿真功能。RoboDK 最主要的功能就是离线仿真。仿真人员可以导入精确的工作站三维模型数据，根据工作站的工作流程，创建仿真程序，编辑仿真程序，主要包括坐标系和目标点的创建、程序轨迹规划。运行仿真程序，在虚拟环境中真实模拟实际工作站的工作流程，进而可以判断工作站布局是否合理，节拍是否能达到要求等。

3）碰撞检测功能。RoboDK 能够对机器人及其外部设备进行碰撞检测，判断机器人程序运行轨迹是否合理，以减少实际工作中发生碰撞的可能。

4）生成离线程序功能。RoboDK 通过 Python API 扩展后处理器，可以直接生成相应品牌机器人的离线程序，现在支持多种品牌的工业机器人，包括 ABB、KUKA、FANUC、安川、川崎、史陶比尔、UR、柯马、汇博机器人、埃夫特和广州数控等，同时支持扩展。

5）基于 Python API 的 RoboDK 离线仿真功能。RoboDK 具有 Python 扩展 API 功能，通过 Python 可以实现机器人的离线仿真功能。基于 Python API 的 RoboDK 离线仿真具有更强大的功能，能够针对更多、更复杂的应用进行机器人离线仿真。同时，Python 是一种非常容易上手的计算机程序设计语言。

6）机器人运动学建模功能。RoboDK 提供了机器人运动学建模功能。在相应机器人三维模型数据基础上，可以通过 RoboDK 机器人运动学建模功能，实现机器人的运动学建模。

7）机器人参数标定功能。RoboDK 可以通过激光跟踪传感器或立体摄像机获得机器人的相关数据，得到机器人的性能精度报告，且能够对机器人参数进行标定；支持 ISO 9283 标准下的位置精度、重复精度和轨迹精度等测试。

8）丰富的实例库。RoboDK 具有丰富的实例库，可以为教学和工业领域的应用提供案例和教程。

## 1.2 软件下载及安装

### 1.2.1 软件下载

用户可以根据实际需要在 RoboDK 官网（www.robodk.com）上下载相应的软件安装程序，软件安装程序分别有 Windows 版本（32 位系统和 64 位系统）、Ubuntu 版本和 Mac 版本，如图 1-1 所示。

| Windows 64 bit | RoboDK 3.0 | Download |
| Windows 32 bit | RoboDK 3.0 | Download |
| Windows XP | RoboDK 3.0 | Download |
| Mac 64 bit | RoboDK 2.7 | Download |
| Mac 32 bit | RoboDK 2.7 | Download |
| Ubuntu 64 bit | RoboDK 3.0 | Download |
| Ubuntu 32 bit | RoboDK 3.0 | Download |
| Android | RoboDK 3.0 | Download |

图 1-1　不同版本的软件安装程序

### 1.2.2 软件安装

软件安装步骤如下：

步骤 1：双击软件安装程序，出现图 1-2 所示的安装界面，单击"下一步"按钮。

图 1-2　软件安装界面

步骤 2：单击"我接受"按钮，如图 1-3 所示。

图 1-3　同意安装

步骤 3：选择需要安装的组件，单击"下一步"按钮，如图 1-4 所示。建议：所有组件全选。

图 1-4　选择需要安装的组件

步骤 4："目标文件夹"原则上采用默认的路径，单击"安装"按钮，如图 1-5 所示。
步骤 5：安装结束，单击"完成"按钮，如图 1-6 所示。

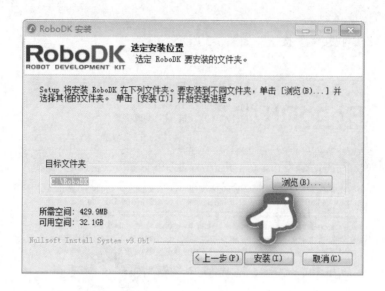

图 1-5  选择安装路径

图 1-6  RoboDK 安装完成

## 1.3  软件许可证申请及安装

### 1.3.1  软件许可证类型

RoboDK 许可证类型有两种：单机版、网络版。

单机版软件许可证可以在无网络的情况下不受限制地使用 RoboDK 相关功能。单机版是一台计算机对应一个软件许可证。如果计算机系统重装，原申请的 RoboDK 单机版软件许可证将无法继续使用。

网络版软件许可证必须要在计算机联网的情况才能不受限制地使用 RoboDK 相关功能。

如果计算机没有联网，网络版软件许可证将不起作用，RoboDK 的相关功能将受到限制。如果计算机系统重装，网络版软件许可证仍然可以继续使用，不受影响。

单机版和网络版软件许可证的区别见表 1-1。

表 1-1　单机版和网络版软件许可证的区别

| 软件许可证类型 | 是否需要联网 | RoboDK 功能 |
| --- | --- | --- |
| 单机版 | 不需要 | 不受限制 |
| 网络版 | 需要 | 联网情况下：RoboDK 功能不受限制<br>不联网的情况下：RoboDK 功能受限制 |

### 1.3.2　单机版软件许可证申请及安装

单机版软件许可证申请及安装步骤如下：

步骤 1：用户先在计算机上安装 RoboDK 软件，然后打开 RoboDK 软件，如图 1-7 所示。

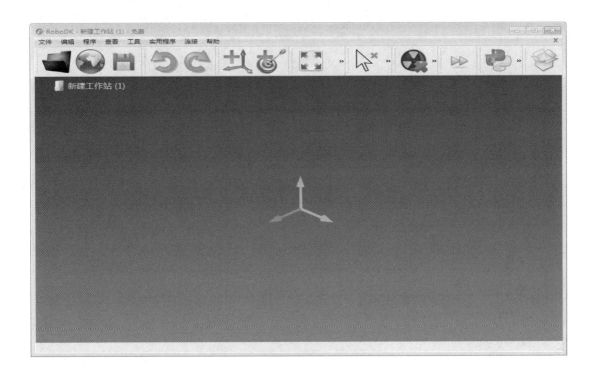

图 1-7　安装并打开 RoboDK 软件

步骤 2：打开"帮助"→"许可证"，如图 1-8 所示。

步骤 3：打开"许可证选项"对话框，选择"单机"，将 RoboDK 生成的计算机 ID 复制到记事本中，进行单机版软件许可证申请，如图 1-9 所示。

步骤 4：将申请下来的单机版软件许可证序列号粘贴到"软件许可证"一栏就可以成功激活 RoboDK，如图 1-10 所示。

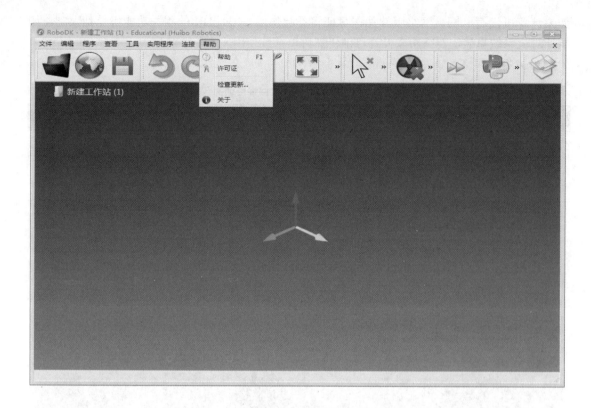

图 1-8　打开许可证界面

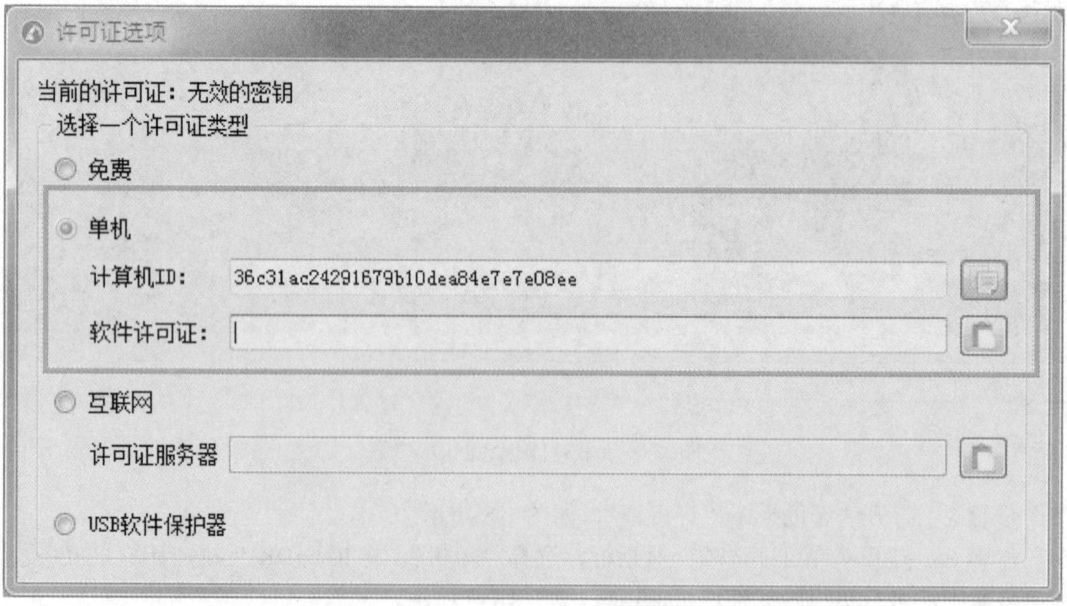

图 1-9　申请单机版软件许可证

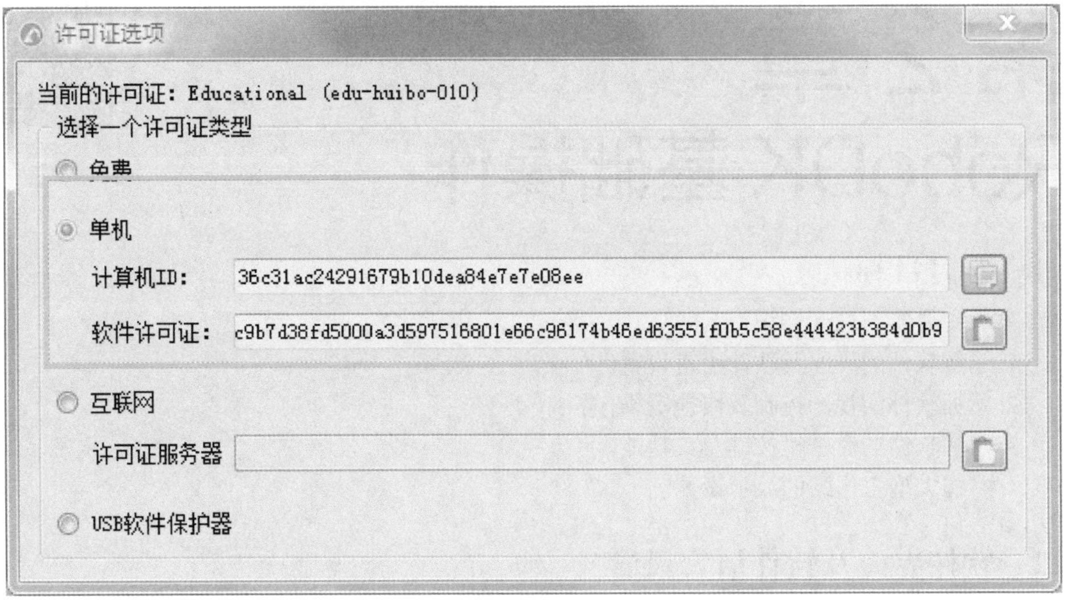

图 1-10 粘贴单机版软件许可证序列号

### 1.3.3 网络版软件许可证申请及安装

网络版软件许可证申请及安装的步骤如下：

步骤 1：申请网络版许可证不需要提供 RoboDK 生成的计算机 ID 号，直接申请 RoboDK 网络版许可证。

步骤 2：用户将 RoboDK 网络版许可证复制到 RoboDK 许可证界面的"许可证服务器"一栏中，如图 1-11 所示。注意：安装有 RoboDK 网络版软件许可证的计算机必须联网才能不受限制地使用 RoboDK 功能。

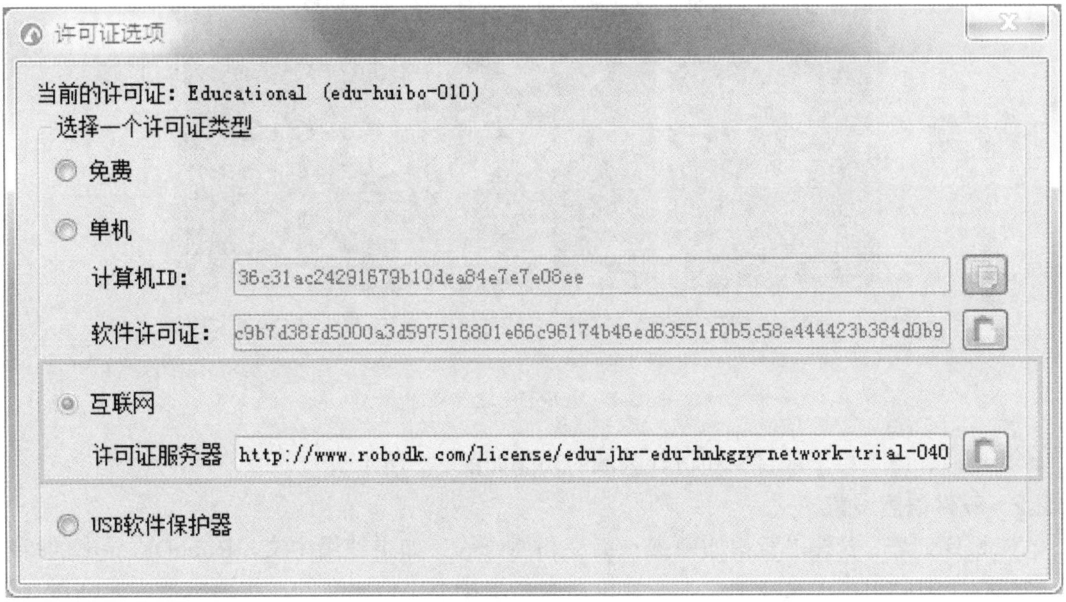

图 1-11 申请并安装网络版许可证

# 第2章
# RoboDK 基础操作

## 2.1 学习目标

本章主要学习以下知识点：

1. 了解软件的界面及软件语言设置。
2. 掌握软件的视图控制及快捷键操作。
3. 了解软件的命令栏按键及其功能。
4. 掌握大型工作站的显示设置。

## 2.2 软件界面及软件语言设置

### 2.2.1 软件界面

RoboDK 软件界面主要由菜单栏、命令栏、项目栏和仿真区域组成，如图 2-1 所示。

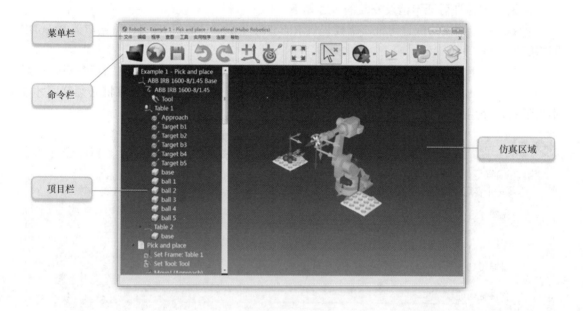

图 2-1    RoboDK 软件界面

菜单栏、命令栏、项目栏和仿真区域的功能如图 2-2 所示。

### 2.2.2 软件语言设置

RoboDK 支持多种语言，如中文、英文和德语等。如果使用中文，RoboDK 导出的机器人离线程序中会出现中文文字，大多数机器人系统是不支持中文的，实际机器人无法运行该离线程序，所以建议使用英文。但是为方便用户使用本书学习 RoboDK，本书将以中文为主

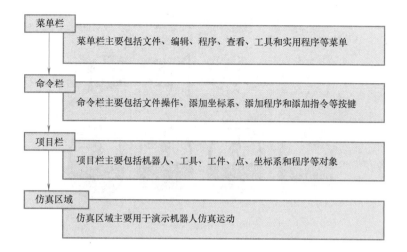

图 2-2　菜单栏、命令栏、项目栏和仿真区域的功能

介绍 RoboDK 的使用方法。RoboDK 软件语言设置如图 2-3 所示。

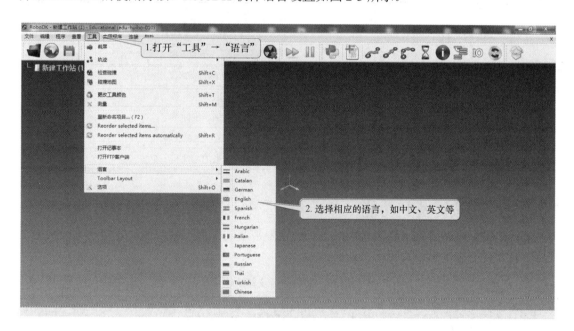

图 2-3　RoboDK 软件语言设置

## 2.3　软件视图操作及快捷键操作

　　RoboDK 常用的视图操作包括选择、移动、旋转和缩放等，通常使用鼠标完成这些操作。鼠标操作方法如图 2-4 所示。

　　同时，RoboDK 的快捷键可以让用户方便快捷地使用 RoboDK，快捷键及其功能见表 2-1。

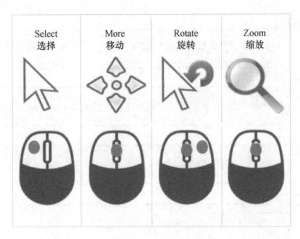

图 2-4　鼠标操作方法

表 2-1　快捷键及其功能

| 快捷键 | 功　　能 |
| --- | --- |
| Alt | 移动参考坐标系、物体或者机器人 |
| Alt + Shift | 调整参考坐标系 |
| F1 | 帮助 |
| * | 显示 / 隐藏机器人工作空间 |
| + | 放大坐标系 |
| − | 缩小坐标系 |
| / | 显示 / 隐藏文本 |
| Ctrl + 1 | 加载最近的文件和工作站 |

## 2.4　命令栏按键及其功能

　　RoboDK 命令栏提供了机器人虚拟仿真过程中常用的命令按键，可以让用户方便快捷地使用这些命令。按键图标及其功能见表 2-2。

表 2-2　按键图标及其功能

| 按键图标 | 功　　能 |
| --- | --- |
|  | 加载本地文件 |
|  | 机器人在线库 |
|  | 保存当前工作站 |
|  | 添加参考坐标系<br>允许手动修改参考坐标系 |

（续）

| 按键图标 | 功　能 |
|---|---|
|  | 创建机器人当前位置的目标点 |
|  | 工作站区域适应屏幕大小 |
|  | 正等轴测图 |
|  | 选择对象 |
|  | 移动坐标系 / 物体 / 工具<br>保持其子对象的相对位置 |
|  | 移动坐标系 / 物体 / 工具<br>保持其子对象的绝对位置 |
|  | 开启 / 关闭碰撞检测 |
|  | 碰撞图设置<br>允许选择哪些物体进行碰撞检测 |
|  | 加速仿真程序运行 |
|  | 暂停仿真程序运行 |
|  | 创建 Python 仿真程序 |
|  | 添加新的机器人程序 |
|  | 添加机器人关节运动指令 |
|  | 添加机器人直线运动指令 |
|  | 添加机器人弧线运动指令 |
|  | 添加机器人暂停指令 |

（续）

| 按键图标 | 功　能 |
|---|---|
|  | 添加示教器显示信息指令 |
| | 添加函数调用或插入代码指令 |
| | 添加信号输出或等待信号指令 |
| | 添加仿真事件指令 |
| | 输出 PDF/HTML 格式的视频文件 |

## 2.5　大型工作站显示设置

RoboDK 提供了两种显示模式：Best Quality（最优质量显示）和 Best Performance（最佳性能显示）。最优质量显示是 RoboDK 以最佳的视觉效果显示工作站，最佳性能显示是 RoboDK 以最佳的操作性能显示工作站，避免操作工作站时出现卡顿。当 RoboDK 对大型工作站进行仿真时，为提升仿真效果，防止工作站仿真时出现卡顿，应优先选用最佳性能显示模式。

显示设置的步骤如下：

步骤 1：单击"工具"→"选项"→"显示"，打开显示设置，如图 2-5 所示。

图 2-5　打开显示设置

步骤 2：选择"Best Performance"最佳性能显示设置，如图 2-6 所示。

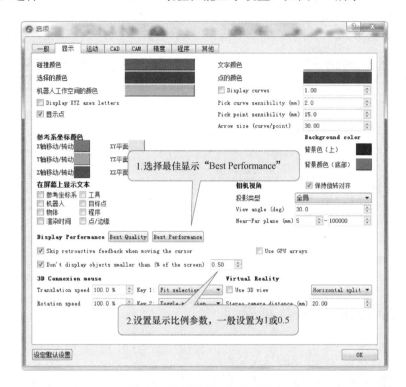

图 2-6 选择最佳性能显示设置

## 2.6 学习总结与课后练习

### 2.6.1 学习总结

本章主要介绍了 RoboDK 虚拟仿真软件的基础操作，包括软件界面的认知、软件语言的设置、软件视图操作、软件快捷键操作、命令栏按键及其功能和大型工作站显示设置。通过本章的学习，读者将初步掌握 RoboDK 虚拟仿真软件的基础操作，为后续的 RoboDK 深入学习打下基础。

### 2.6.2 课后练习

打开一个 RoboDK 软件自带的仿真案例。操作步骤：找到以下路径中的文件并打开："C:\RoboDK\Library\Example 01-Pick and place.rdk"。进行以下操作练习：

1）熟悉 RoboDK 软件界面及软件语言设置。

2）熟悉软件视图的平移、旋转和缩放等操作。

3）熟悉 RoboDK 快捷键操作。

4）熟悉 RoboDK 显示设置。

# 第3章
# 机器人虚拟仿真工作站构建

机器人虚拟仿真工作站的构建主要包括工作站对象的导入及布局、创建工具模型及修改工具坐标系、创建工件坐标系及目标点等内容。

## 3.1 学习目标

本章主要学习以下知识点：

1. 模型的导入及布局，包括工作站、机器人和工具等对象。
2. 创建工具及修改工具坐标系。
3. 创建工件坐标系及目标点。

## 3.2 工作站对象的导入及布局

RoboDK 中工作站对象主要包括工作站、机器人、工具和工件等，本节将通过图 3-1 所示的例子介绍机器人工作站对象的导入及布局。

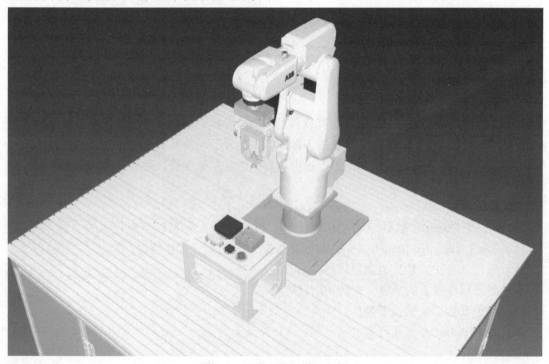

图 3-1　工作站布局学习案例

### 3.2.1 工作站和工件模型的导入及布局

RoboDK 软件不支持三维建模功能，机器人应用仿真所需的三维模型数据都是从外部导入的。RoboDK 支持多种三维模型数据格式，包括 IGES、STEP、STL 和 WRML 等，常用的是 IGES 和 STEP。工作站中对象位置布局的原理是：在 RoboDK 中导入对象的三维模型后，对象具有一个物体参考系，修改该对象的物体参考系和其他参考系之间的位置关系，可以实现对象在 RoboDK 工作站中的布局。

工作站和工件模型的导入及布局的步骤如下：

**步骤 1**：通过 导入"工作站"的三维模型，如图 3-2 所示。在 RoboDK 中导入对象的物体参考系如图 3-3 所示。

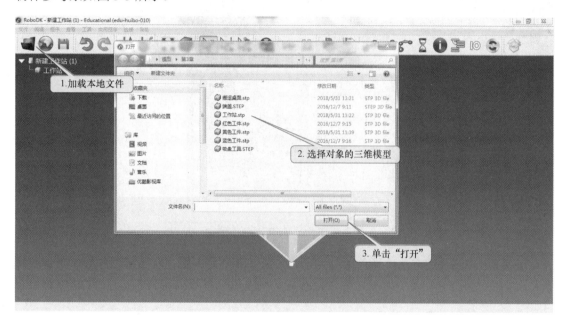

图 3-2　RoboDK 导入工作站的三维模型

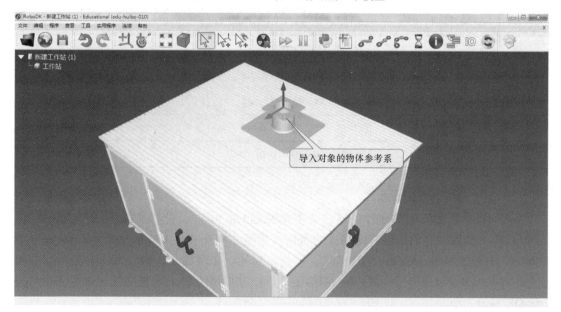

图 3-3　RoboDK 中导入对象的物体参考系

步骤2：双击导入的对象，在对象属性区域中修改物体和其参照对象之间的位置关系进行对象的布局，如图3-4所示。

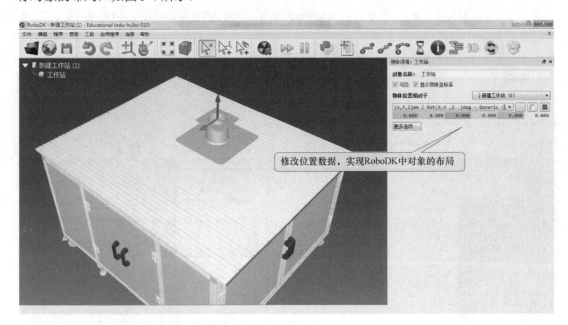

图 3-4　RoboDK 中对象的布局

步骤3：按照上述方法，导入搬运桌面、红色（圆形）工件、蓝色（正方形）工件、黄色（长方形）工件和端盖等对象，并进行布局。对象的位置数据见表3-1，工作站中对象布局如图3-5所示。

表 3-1　对象的位置数据

| 对象 | 布局（位置） | 参照对象 |
|---|---|---|
| 搬运桌面 | （300，150，50，0，0，0） | 新建工作站 |
| 红色工件 | （453，70，75，0，0，0） | 新建工作站 |
| 蓝色工件 | （453，18，75，0，0，0） | 新建工作站 |
| 黄色工件 | （453，-52，75，0，0，0） | 新建工作站 |
| 端盖 | （382，-48，89，0，0，0） | 新建工作站 |

### 3.2.2　机器人模型的导入及布局

　　RoboDK 中机器人模型文件的格式类型是 RoboDK Robot，此类机器人模型是通过 RoboDK 机器人建模创建的，只有该格式的机器人模型才能在 RoboDK 中使用。RoboDK 支持汇博、埃夫特、ABB、KUKA、FANUC、安川、川崎、史陶比尔、UR、COMAU 等多种机器人品牌及其机器人模型，而且 RoboDK 还可以根据机器人的三维模型及运动学参数创建 RoboDK 机器人模型。

　　用户可以到 RoboDK 官网（www.robodk.com）下载需要的机器人模型，也可以单击 RoboDK 命令栏上的"在线模型库"下载所需的机器人模型。

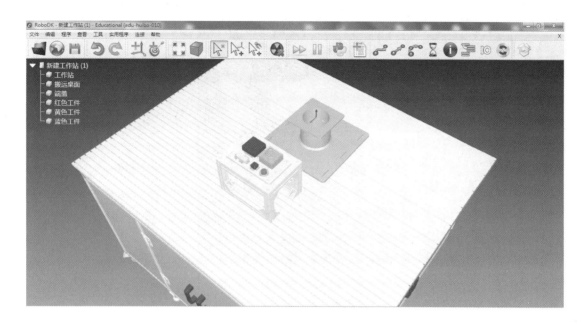

图 3-5　工作站中对象布局

RoboDK 中机器人模型的导入和布局的步骤如图 3-6 ～图 3-8 所示。本案例中机器人型号为 ABB IRB 120-3/0.6.robot。

图 3-6　机器人模型的导入

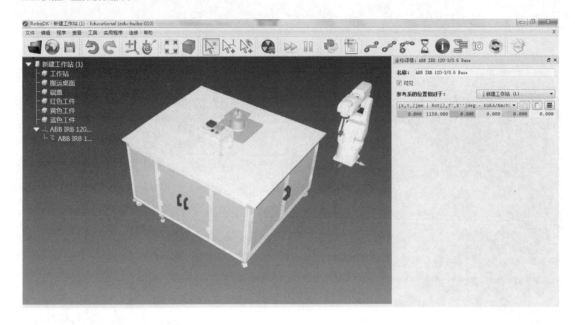

图 3-7　导入的机器人

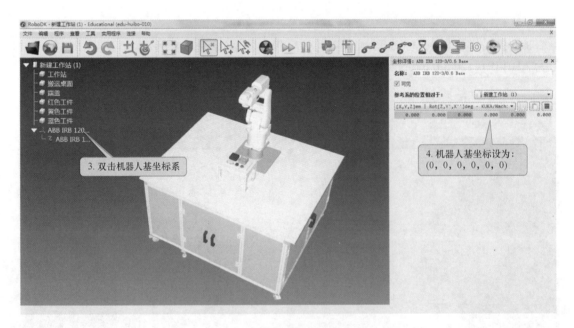

图 3-8　工作站中机器人的布局

机器人模型导入后，将对机器人进行布局（0，0，0，0，0，0），参照对象：新建工作站。双击 RoboDK 工作站中的机器人，弹出机器人操作界面，如图 3-9 所示。

RoboDK 中机器人操作主要分为机器人关节运动和机器人线性运动。机器人关节运动操控如图 3-10 所示，机器人线性运动操控如图 3-11 所示。

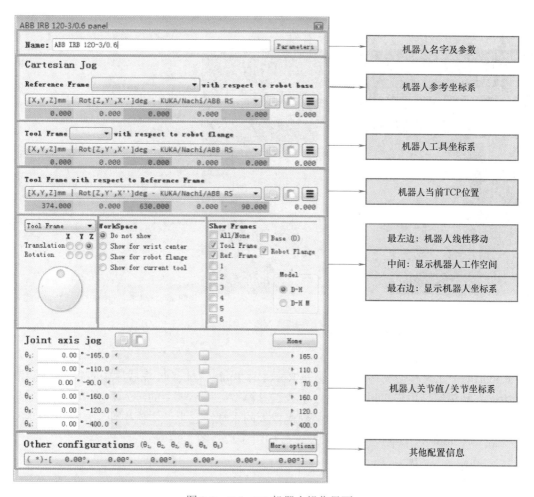

图 3-9 RoboDK 机器人操作界面

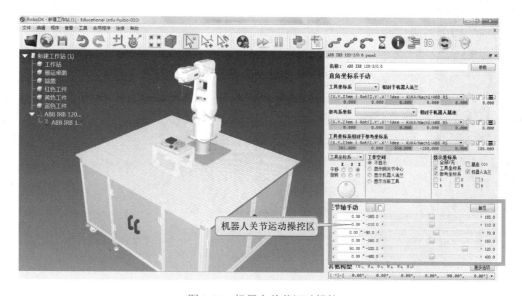

图 3-10 机器人关节运动操控

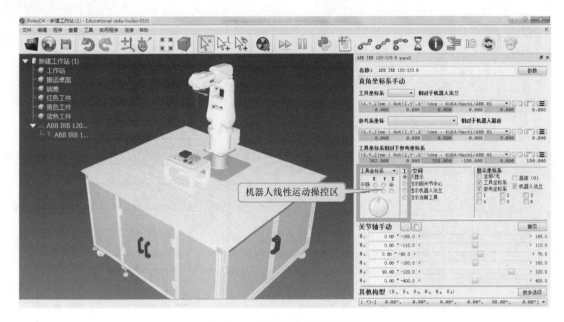

图 3-11　机器人线性运动操控

### 3.2.3　工具模型的导入及安装

　　RoboDK 中工具模型文件格式类型是 RoboDK Tool。RoboDK 在线库中有很多工具模型，如焊枪、打磨头等，用户可以根据需要下载工具模型。工具模型的导入方法和机器人的导入方法一致，工具模型导入后将直接安装到机器人的末端法兰上。本例中使用的工具模型文件是"吸盘工具 .tool"，工具模型的导入及安装如图 3-12、图 3-13 所示。

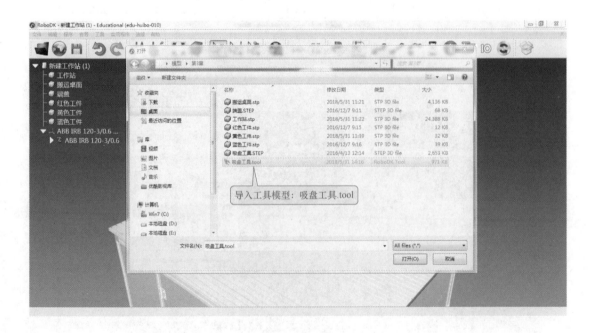

图 3-12　工具模型的导入

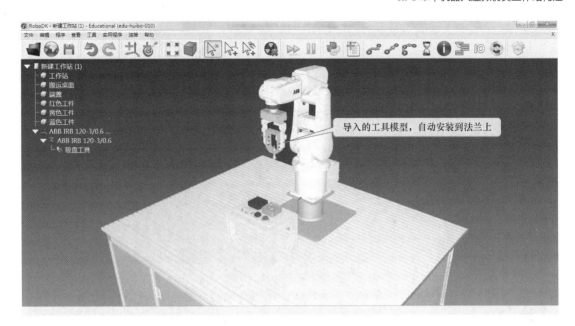

图 3-13　导入后的工具模型

## 3.3　创建工具模型及修改工具坐标系

　　RoboDK 支持用户根据工具的三维模型来创建 RoboDK 工具模型，并设置工具坐标系，保存为 RoboDK 专属的工具模型（RoboDK Tool）。用户创建相应的工具模型后，可在之后的仿真过程中直接调用。本例中使用的工具三维模型是"吸盘工具 .STEP"。

　　创建 RoboDK 工具模型及工具坐标系的步骤如下：

　　**步骤 1：**导入工具的三维模型，如图 3-14 所示。

图 3-14　导入工具的三维模型

步骤 2：选中"吸盘工具"，将此对象拖动到机器人对象上，工具将安装到机器人末端法兰上，如图 3-15 所示。

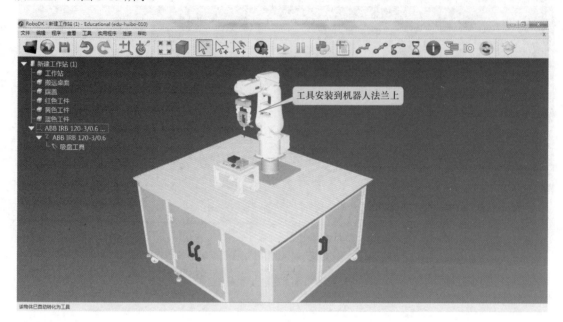

图 3-15　工具安装到机器人法兰上

步骤 3：双击"吸盘工具"，修改工具坐标系的默认值，如图 3-16 所示。

注意："吸盘工具"安装到机器人法兰后，RoboDK 自动为"吸盘工具"设置了工具坐标系的默认值：（0，0，250，0，0，0）。

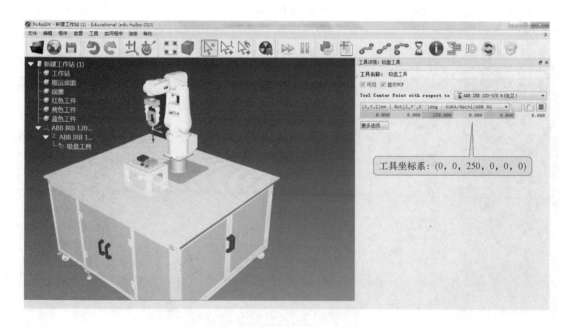

图 3-16　修改工具坐标系的值

步骤 4：选中"吸盘工具"，单击鼠标右键，保存为工具模型，如图 3-17 所示。

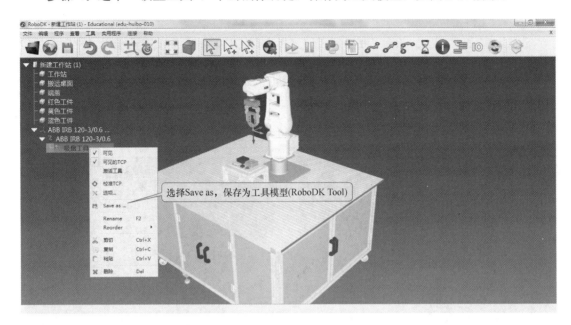

图 3-17　保存工具模型

保存后的工具模型如图 3-18 所示。

图 3-18　保存后的工具模型

## 3.4 创建工件坐标系及目标点

### 3.4.1 创建工件坐标系

机器人实际编程过程中经常要用到工件坐标系，同样地，机器人仿真编程过程中也要经常用到工件坐标系。RoboDK 中机器人默认的工件坐标系是机器人基坐标系（Base），用户可以根据实际编程需要创建工件坐标系。创建工件坐标系的步骤如下：

步骤 1：在 RoboDK 工作站中添加工件坐标系，默认名称为 Frame 2，如图 3-19 所示。

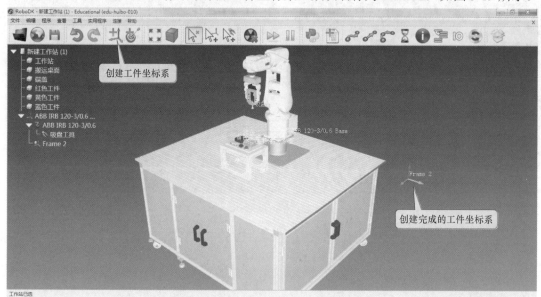

图 3-19　RoboDK 中创建工件坐标系

步骤 2：选择"Frame 2"，按〈F2〉键将名称修改为"搬运坐标系"，如图 3-20 所示。

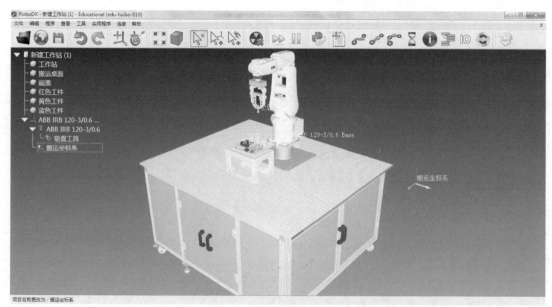

图 3-20　修改工件坐标系的名称

步骤 3：双击"搬运坐标系"，修改工件坐标系的数值：（300,150,50,0,0,0），如图 3-21 所示。

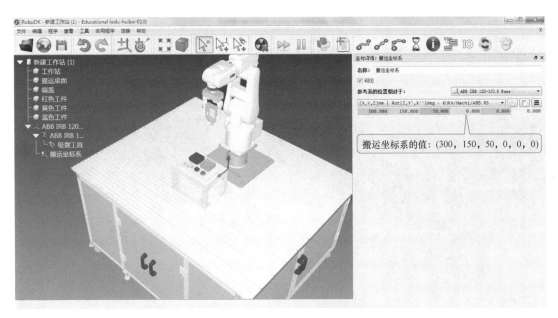

图 3-21　修改搬运坐标系的值

步骤 4：选中"搬运坐标系"，单击鼠标右键，选择"有效的参考坐标系"，将搬运坐标系设置为机器人的当前工件坐标系，如图 3-22 所示。

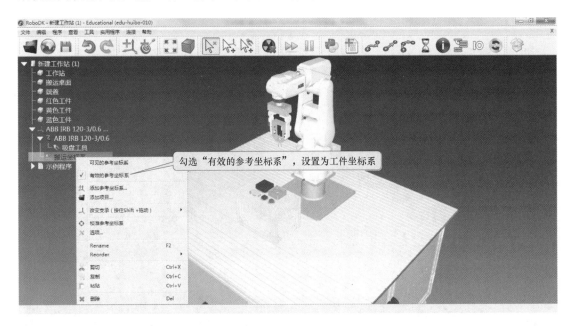

图 3-22　激活搬运坐标系

## 3.4.2　创建目标点

目标点指定的是机器人工具坐标系（TCP）移动的目标位置和方向。需要注意的是：目标点都是相对于某一参考坐标系而言的，目标点脱离参考系是不成立的。创建目标点之前，首先要明确工件坐标系，确定选择某一工件坐标系作为目标点的相对参考坐标系，然后在该坐标系下创建目标点。本例中统一选择"搬运坐标系"作为目标点的相对参考坐标系。创建目标点的步骤如下：

**步骤 1**：选中"搬运坐标系"，然后创建目标点，如图 3-23 所示。

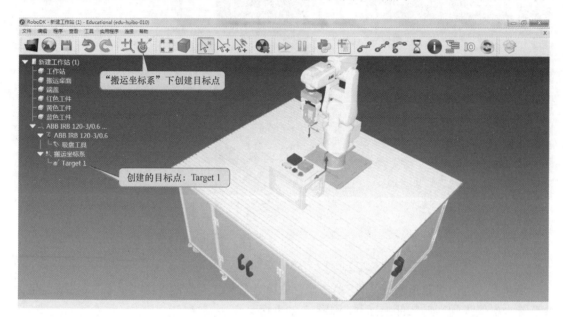

图 3-23　搬运坐标系下创建目标点

**步骤 2**：选中"Target 1"，按〈F2〉键可以修改目标点的名称，如图 3-24 所示。

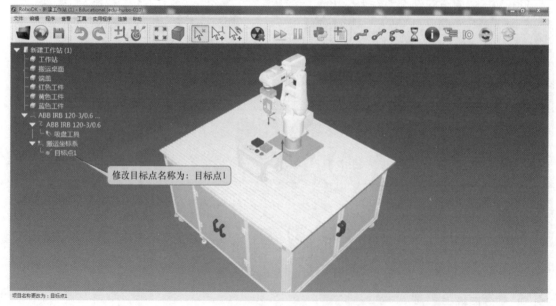

图 3-24　修改目标点的名称

步骤 3：选中"目标点 1"，按〈F3〉键可以修改目标点的参数，如图 3-25 所示。

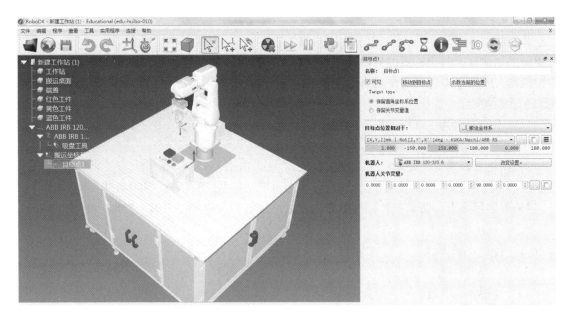

图 3-25　修改目标点的参数

目标点的参数包含目标点的名称、目标点的可见性、目标点的类型和目标点的数值。勾选 / 取消勾选目标点"可见"选项，可以显示 / 隐藏目标点，"保留直角坐标系位置"表示目标点类型为直角坐标系值类型，"保留关节变量值"表示目标点类型为关节变量值类型。手动修改目标点的数值如图 3-26 所示。

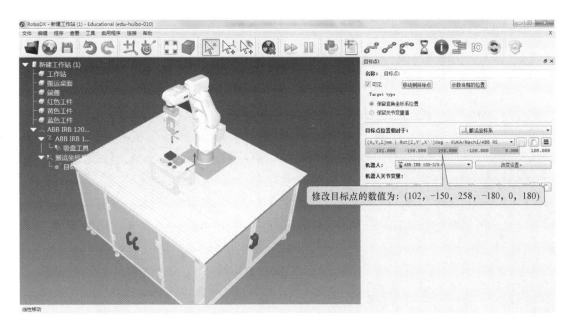

图 3-26　手动修改目标点的数值

## 3.5  学习总结与课后练习

### 3.5.1  学习总结

本章主要介绍了机器人虚拟仿真工作站的构建方法，包括工作站对象的导入及布局、工具模型的创建及工具坐标系的修改、工件坐标系和目标点的创建。通过本章的学习，读者将掌握机器人应用虚拟仿真工作站的构建方法。

### 3.5.2  课后练习

以本章的案例为主，练习以下内容：

1）工作站对象的导入及布局。

2）创建工具模型。要求：工具坐标系值为（0，0，245，90，0，0）。

3）创建工件坐标系。要求：坐标系名称为用户坐标系，数值为（300，150，50，90，0，0）。

4）创建目标点。要求：目标点名称为原点，数值为（-150，-102，258，90，0，180）。

# 第4章
# RoboDK 常用机构创建

## 4.1 学习目标

本章主要学习以下知识点：

1. 机器人模型的创建方法。

2. 变位机模型的创建方法。

## 4.2 创建机器人模型

本节将以 ABB IRB 120-3/0.6 型机器人为例，介绍 RoboDK 创建机器人模型的方法。

### 4.2.1 机器人关节三维模型

在 ABB 官网可以下载 ABB IRB 120-3/0.6 型机器人的三维模型（STEP 或 IGES），然后用三维软件打开机器人模型，单独导出机器人的底座、关节 1、关节 2、关节 3、关节 4、关节 5 和关节 6 的三维模型，保存格式可以是 STEP 或 IGES，如图 4-1 所示。

注意：当导出机器人底座和关节的三维模型时，底座和关节的坐标系都以底座坐标系为基准，以保证底座和关节导入 RoboDK 时，底座和关节组成一个完整的机器人。

| | | | |
|---|---|---|---|
| IRB120_3_58_Base | 2009/8/21 21:57 | STEP CAD file | 4,577 KB |
| IRB120_3_58_J1 | 2009/8/21 22:11 | STEP CAD file | 1,558 KB |
| IRB120_3_58_J2 | 2009/8/21 21:59 | STEP CAD file | 1,031 KB |
| IRB120_3_58_J3 | 2009/8/21 22:01 | STEP CAD file | 3,089 KB |
| IRB120_3_58_J4 | 2009/8/21 22:03 | STEP CAD file | 2,208 KB |
| IRB120_3_58_J5 | 2009/8/21 22:14 | STEP CAD file | 1,369 KB |
| IRB120_3_58_J6 | 2009/8/21 22:05 | STEP CAD file | 87 KB |

图 4-1 机器人关节的三维模型

### 4.2.2 机器人三维模型导入 RoboDK

RoboDK 中导入机器人关节三维模型，如图 4-2 所示。

### 4.2.3 创建机器人模型

创建机器人模型的步骤如下：

**步骤 1**：单击"实用程序"→"Model Mechanism or Robot"，打开机器人模型创建界面，如图 4-3 所示。

**步骤 2**：选择机器人的类型：6 轴工业机器人，如图 4-4 所示。可选的机器人类型有：1 个旋转轴、2 个旋转轴、1 个移动轴、2 个移动轴、3 个移动轴、4axes SCARA robot、6 轴工业机器人和 7 轴工业机器人。

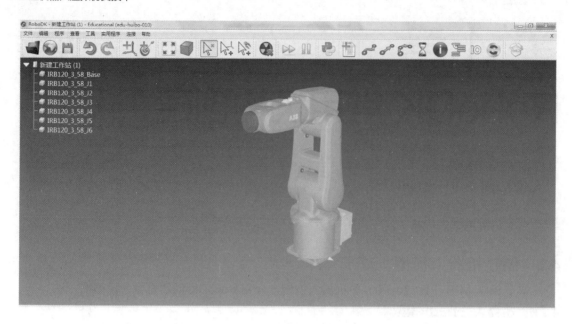

图 4-2 机器人三维模型导入 RoboDK

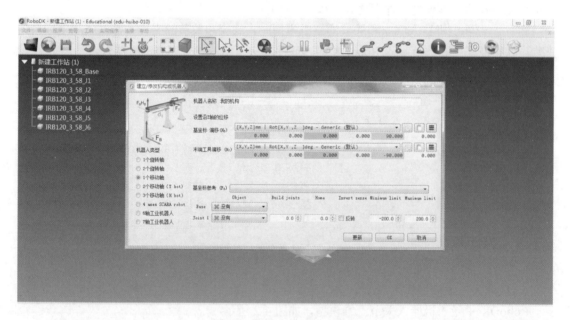

图 4-3 机器人模型创建界面

**步骤 3**：输入机器人的名称：ABB-IRB-120，如图 4-5 所示。

**步骤 4**：根据该机器人型号的尺寸参数，在机器人模型创建页面输入机器人的 DH 参数，如图 4-6、图 4-7 所示。

**步骤 5**：选择机器人对应的关节（见表 4-1），并输入机器人各关节限位值，如图 4-8 所示。注意：机器人的关节限位值可以在该型号的机器人手册中查到。

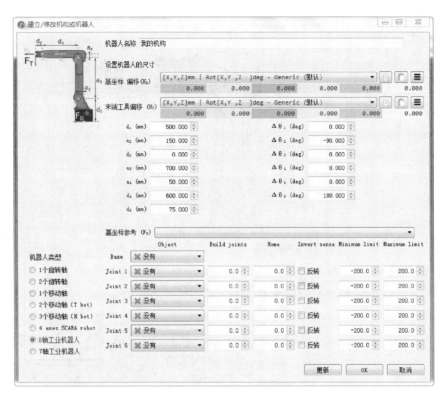

图 4-4　选择机器人类型

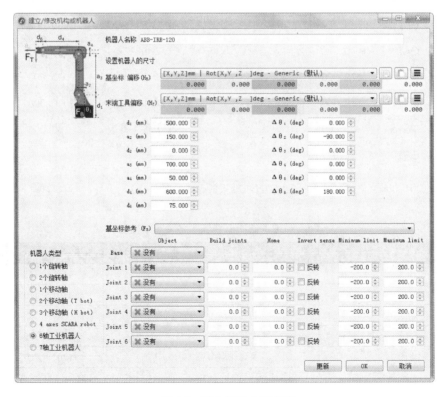

图 4-5　输入机器人的名称

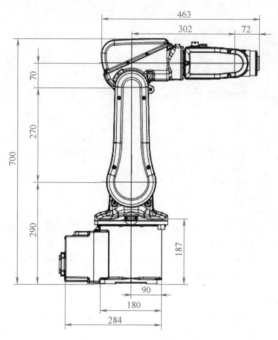

图 4-6　机器人尺寸参数

| $d_1$ (mm) | 290.000 | | $\Delta\theta_1$ (deg) | 0.000 |
|---|---|---|---|---|
| $a_2$ (mm) | 0.000 | | $\Delta\theta_2$ (deg) | -90.000 |
| $d_2$ (mm) | 0.000 | | $\Delta\theta_3$ (deg) | 0.000 |
| $a_3$ (mm) | 270.000 | | $\Delta\theta_4$ (deg) | 0.000 |
| $a_4$ (mm) | 70.000 | | $\Delta\theta_5$ (deg) | 0.000 |
| $d_4$ (mm) | 302.000 | | $\Delta\theta_6$ (deg) | 180.000 |
| $d_5$ (mm) | 72.000 | | | |

图 4-7　机器人的 DH 参数

表 4-1　ABB-IRB-120 机器人各关节限位值

| 动作位置 | 动作类型 | 移动范围 |
|---|---|---|
| 轴 1 | 旋转动作 | $-165°\sim165°$ |
| 轴 2 | 手臂动作 | $-110°\sim110°$ |
| 轴 3 | 手臂动作 | $-110°\sim70°$ |
| 轴 4 | 手腕动作 | $-160°\sim160°$ |
| 轴 5 | 弯曲动作 | $-120°\sim120°$ |
| 轴 6 | 转向动作 | $-400°\sim400°$（默认值）<br>$-242\sim242r$（最大值） |

| Base | IRB120_3_58_Base ▾ | | | | | |
|---|---|---|---|---|---|---|
| Joint 1 | IRB120_3_58_J1 ▾ | 0.0 ⬍ | 0.0 ⬍ | ☐ Invert | −165.0 ⬍ | 165.0 ⬍ |
| Joint 2 | IRB120_3_58_J2 ▾ | 0.0 ⬍ | 0.0 ⬍ | ☐ Invert | −110.0 ⬍ | 110.0 ⬍ |
| Joint 3 | IRB120_3_58_J3 ▾ | 0.0 ⬍ | 0.0 ⬍ | ☐ Invert | −110.0 ⬍ | 70.0 ⬍ |
| Joint 4 | IRB120_3_58_J4 ▾ | 0.0 ⬍ | 0.0 ⬍ | ☐ Invert | −160.0 ⬍ | 160.0 ⬍ |
| Joint 5 | IRB120_3_58_J5 ▾ | 0.0 ⬍ | 0.0 ⬍ | ☐ Invert | −120.0 ⬍ | 120.0 ⬍ |
| Joint 6 | IRB120_3_58_J6 ▾ | 0.0 ⬍ | 0.0 ⬍ | ☐ Invert | −400.0 ⬍ | 400.0 ⬍ |

图 4-8　机器人关节和限位值

步骤 6：单击"更新"→"OK"，完成 ABB-IRB-120 机器人模型的创建，如图 4-9 和图 4-10 所示。

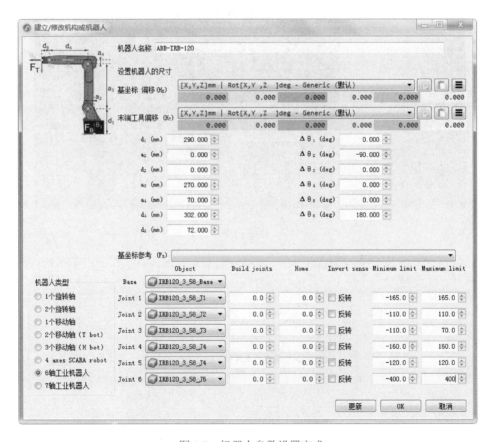

图 4-9　机器人参数设置完成

步骤 7：选中机器人模型，单击鼠标右键，选择"Save as"，保存机器人模型到本地磁盘，下次直接可以调用该机器人模型，如图 4-11 和图 4-12 所示。

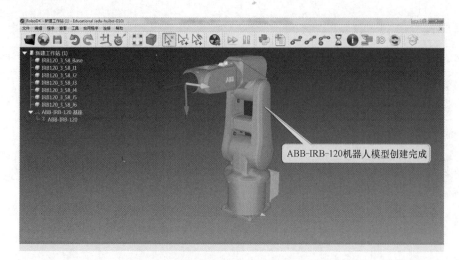

图 4-10  ABB-IRB-120 机器人模型创建完成

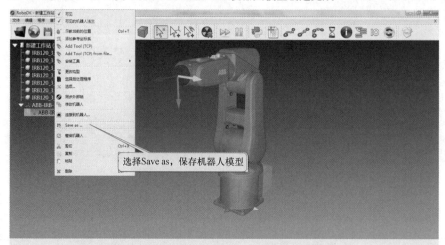

图 4-11  保存机器人模型

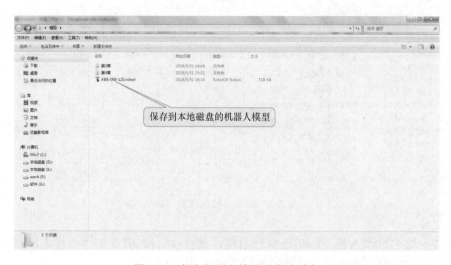

图 4-12  保存机器人模型到本地磁盘

## 4.3 创建变位机模型

RoboDK 不仅可以创建机器人模型，还可以创建特定机构模型，如变位机和直线导轨等。本节以江苏汇博机器人公司多功能桌面教学平台上的变位机为例，介绍 RoboDK 创建变位机模型的方法。变位机如图 4-13 所示。

### 4.3.1 分解变位机三维模型

创建变位机模型前需要对变位机整体三维模型进行分解，即将变位机整体三维模型分解为变位机基座和变位机旋转关节，如图 4-14 所示。注意：当变位机三维模型导出变位机基座和变位机旋转关节轴时，变位机基座和变位机旋转关节轴的物体坐标系必须是同一个坐标系，且坐标系的原点位于旋转轴的轴线上。

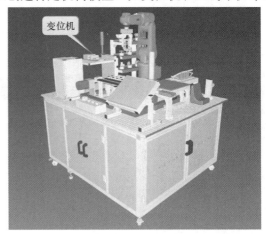

图 4-13　变位机

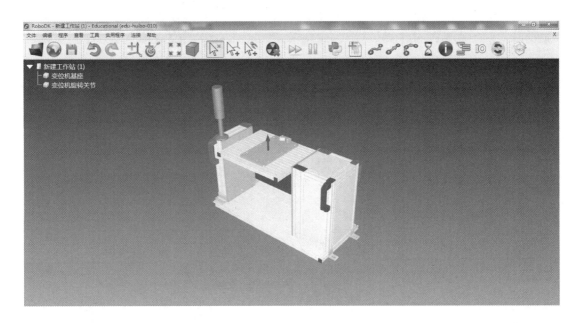

图 4-14　分解变位机三维模型

由于变位机基座和变位机旋转关节采用同一个坐标系，所以当变位机基座和变位机旋转关节导入 RoboDK 时，变位机基座和变位机旋转关节组成了一个完整的变位机，如图 4-14 所示。

### 4.3.2 创建机构

在 RoboDK 中创建机构的步骤如下：

步骤 1：单击"实用程序"→"Model Mechanism or Robot"，打开机构模型创建界面，如图 4-15 所示。

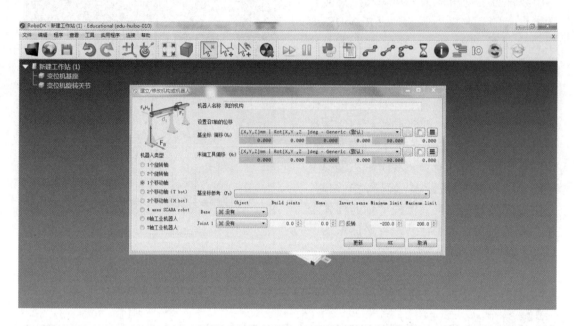

图 4-15　RoboDK 机构创建界面

步骤 2：选择机器人的类型：1 个旋转轴，如图 4-16 所示。

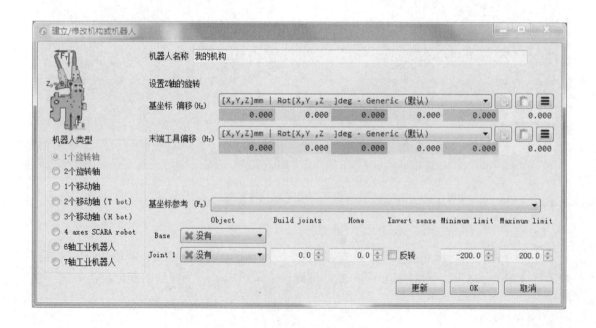

图 4-16　选择变位机类型

步骤 3：输入机器人的名称：桌面变位机，如图 4-17 所示。

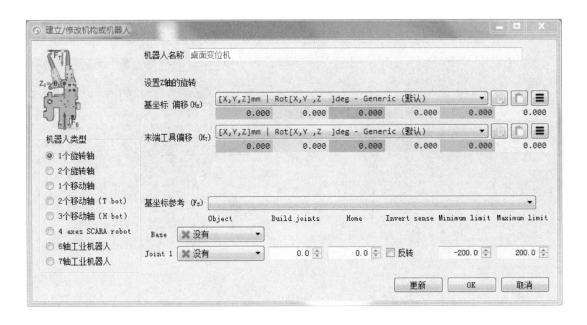

图 4-17　创建变位机的名称

步骤 4：选择变位机对应的关节，并输入变位机关节的限位值，如图 4-18 所示。

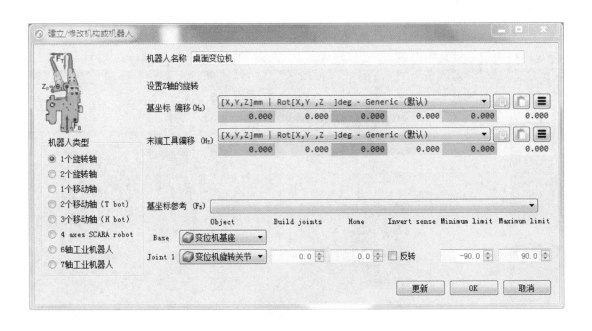

图 4-18　变位机关节的限位值

步骤 5：单击"更新"→"OK"，完成桌面变位机模型的创建，如图 4-19 所示。

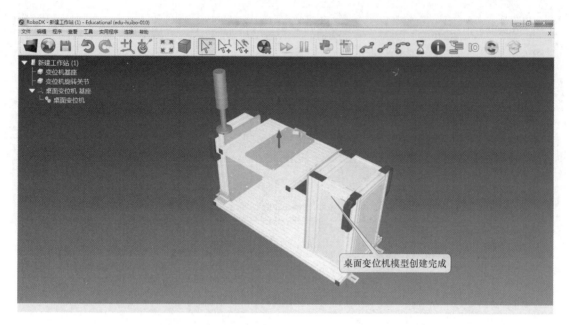

图 4-19　桌面变位机模型创建完成

步骤 6：选中变位机模型，单击鼠标右键，选择"Save as"，保存变位机模型到本地磁盘，下次直接可以调用该变位机模型，如图 4-20、图 4-21 所示。

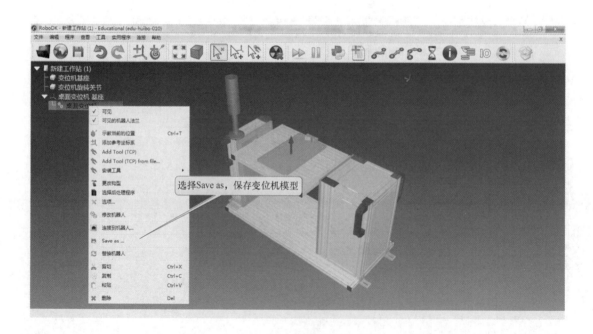

图 4-20　保存变位机模型

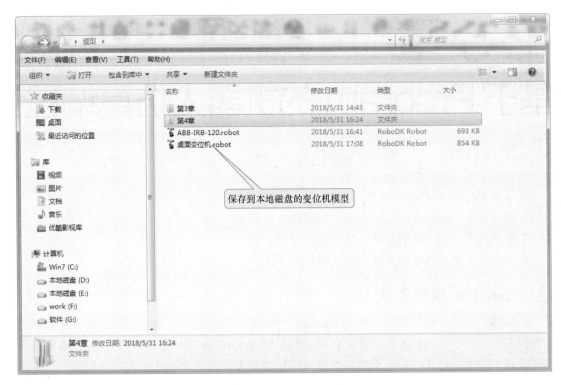

图 4-21　保存变位机模型到本地磁盘

## 4.4　学习总结与课后练习

### 4.4.1　学习总结

本章主要介绍了 ABB-IRB-120 型机器人模型和桌面变位机模型的创建方法。通过本章的学习，读者将初步掌握机器人模型和变位机模型的创建方法。

### 4.4.2　课后练习

1）以 ABB IRB 1600-6/1.45 型机器人为例，使用 RoboDK 创建其机器人模型。

2）选择不同类型的变位机，使用 RoboDK 创建其变位机模型。

# 第5章
# 基于 Program 的机器人仿真编程

## 5.1 学习目标

本章主要学习以下知识点:

1. 了解 RoboDK 的编程方式。

2. 掌握基于 Program 的机器人仿真编程的特点。

3. 掌握基于 Program 的机器人仿真编程指令。

4. 掌握基于 Program 的机器人仿真编程的方法。

## 5.2 RoboDK 编程方式

RoboDK 编程方式有两种:基于 Program 的机器人仿真编程,基于 RoboDK API 的机器人仿真编程。基于 Program 的机器人仿真编程是创建 Program 程序,调用 Program 编程指令实现机器人应用的仿真,适用于简单机器人应用的仿真。基于 RoboDK API 的机器人仿真编程是创建 Python 程序,调用基于 Python 的 RoboDK API 中相应的函数实现机器人应用的仿真,适用于复杂机器人应用的仿真。RoboDK 两种编程方式的特点见表 5-1。

表 5-1 RoboDK 两种编程方式的特点

| 编程方式 | 仿真程序 | 特　　点 |
|---|---|---|
| Program | Program 程序 | 简单易学,编程指令少,适用于简单机器人应用仿真 |
| RoboDK API | Python 程序 | 功能强大,编程指令丰富,适用于复杂机器人应用仿真 |

## 5.3 基于 Program 的机器人仿真编程指令

基于 Program 的机器人仿真编程指令及其说明见表 5-2。

表 5-2 基于 Program 的机器人仿真编程指令及其说明

| 指令图标及名称 | 指令说明 |
|---|---|
| Move Joint Instruction | 机器人关节运动指令 |
| Move Linear Instruction | 机器人直线运动指令 |
| Move Circular Instruction | 机器人圆弧运动指令 |
| Set Reference Frame Instruction | 工件坐标系设置指令 |
| Set Tool Frame Instruction | 工具坐标系设置指令 |

（续）

| 指令图标及名称 | 指令说明 |
|---|---|
| Show Message Instruction | 显示信息指令 |
| Function call Instruction | 调用函数、插入代码指令 |
| Pause Instruction | 机器人暂停指令 |
| Set or Wait I/O Instruction | 信号输出 / 等待信号指令 |
| Set Speed Instruction | 速度和加速度设置指令 |
| Set Rounding Instruction | 转弯半径设置指令 |
| Simulation Event Instruction | 仿真事件指令 |

基于 Program 的机器人仿真编程指令调用有三种方式。Program 仿真编程指令调用方式
1 如图 5-1 所示。

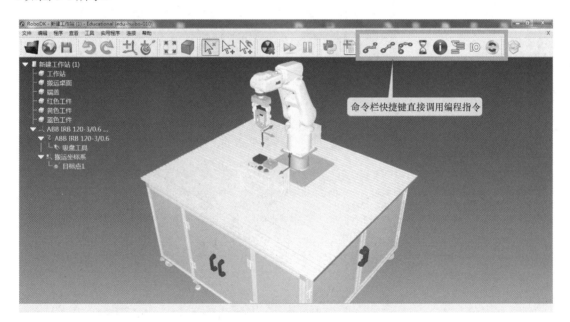

命令栏快捷键直接调用编程指令

图 5-1　Program 仿真编程指令调用方式 1

Program 仿真编程指令调用方式 2 如图 5-2 所示。

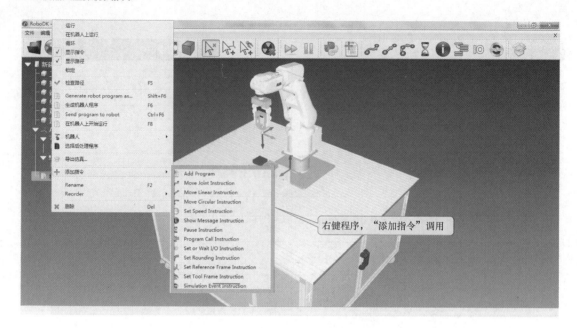

图 5-2  Program 仿真编程指令调用方式 2

Program 仿真编程指令调用方式 3 如图 5-3 所示。

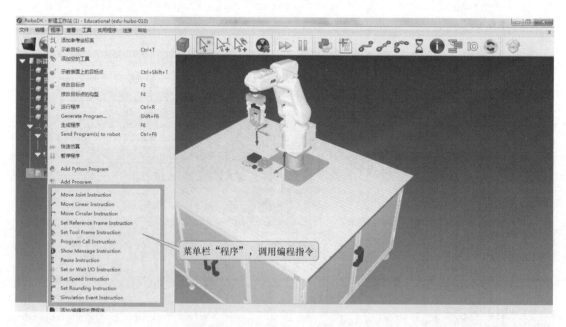

图 5-3  Program 仿真编程指令调用方式 3

以上三种方式都可以实现 Program 仿真编程指令的调用。但是要注意的是，第一种方法中的指令并不完全，第二和第三种方法中的指令是完全的，用户可以根据实际情况选用何种方法进行指令调用。常用的指令调用方法是：右键单击程序，添加程序指令。

## 5.4 基于 Program 的机器人仿真编程应用案例

本节将使用第 3 章构建的机器人虚拟仿真工作站完成基于 Program 的机器人搬运应用的仿真。机器人搬运应用仿真流程是：机器人依次将红色（圆形）工件、蓝色（正方形）工件和黄色（长方形）工件从初始位置搬运到盒子中的指定位置，然后机器人将端盖从初始位置搬运到指定位置，完成盒子的封盖，如图 5-4 所示。

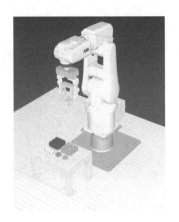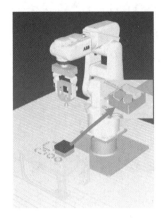

图 5-4 机器人简单搬运应用仿真案例

用户需要在此工作站中依次完成程序的创建、目标点的创建及示教、程序指令的添加及编辑、程序调试，最终完成工作站中红色工件的搬运仿真程序，其余工件的搬运仿真程序将留作课后作业。

### 5.4.1 创建 Program 程序

在工作站中创建 Program 仿真程序，并命名为"示例程序"，如图 5-5、图 5-6 所示。

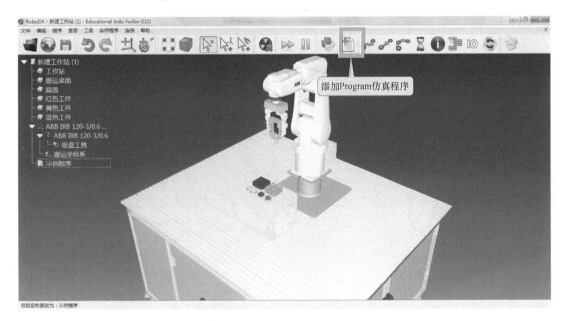

图 5-5 添加 Program 仿真程序

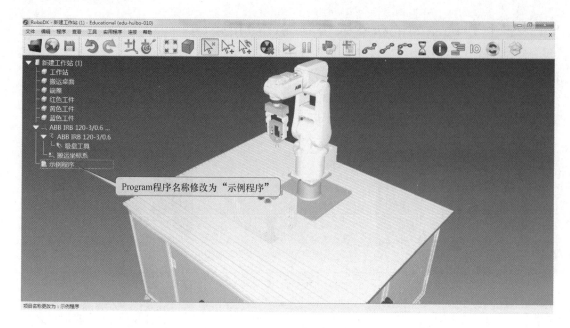

图 5-6 程序名称修改为"示例程序"

### 5.4.2 添加工具坐标系设置指令

在示例程序中添加工具坐标系设置指令的步骤如下：

**步骤 1**：选中"示例程序"单击鼠标右键，选择"添加指令"→"Set Tool Frame Instruction"，如图 5-7、图 5-8 所示。

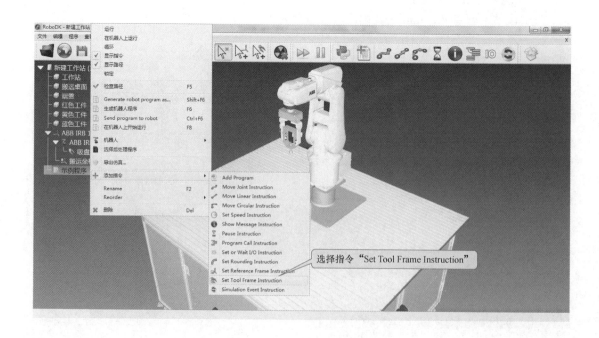

图 5-7 选择添加工具坐标系设置指令

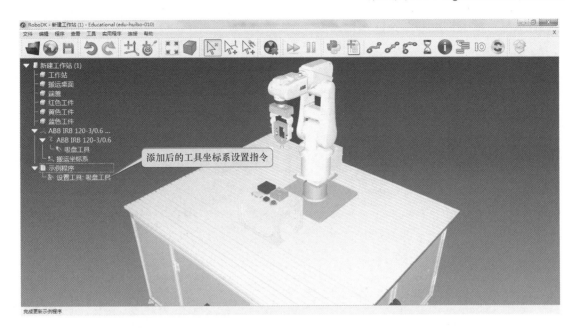

图 5-8　添加后的工具坐标系设置指令

**步骤 2**：选中工具坐标系设置指令，单击鼠标右键，选择"设置工具链接"，选择要设置的工具坐标系，如图 5-9 所示。本例中选择工具坐标系"吸盘工具"。

图 5-9　设置工具坐标系：吸盘工具

### 5.4.3　添加工件坐标系设置指令

在示例程序中添加工件坐标系设置指令的步骤如下：

**步骤 1**：选中"示例程序"，单击鼠标右键，选择"添加指令"→"Set Reference Frame

Instruction"，如图 5-10 和图 5-11 所示。

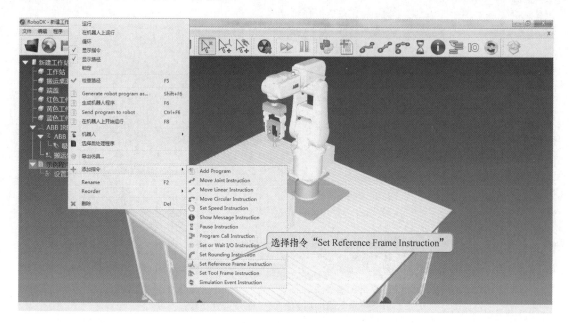

图 5-10    选择添加工件坐标系设置指令

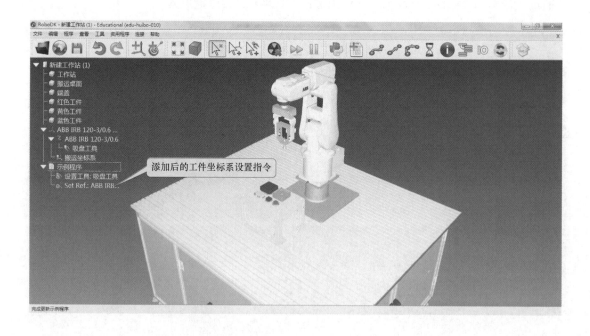

图 5-11    添加后的工具坐标系设置指令

**步骤 2：**本例中添加的工件坐标系默认是 ABB 机器人基坐标系，需要设置工件坐标系为搬运坐标系。操作方法是：选中工件坐标系设置指令，单击鼠标右键，选择"Set Reference link"，选择要设置的工件坐标系，如图 5-12 和图 5-13 所示。

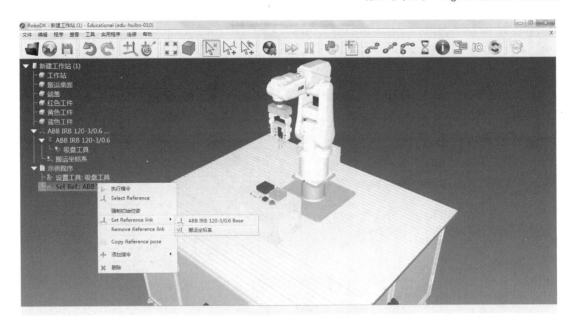

图 5-12　修改工件坐标系

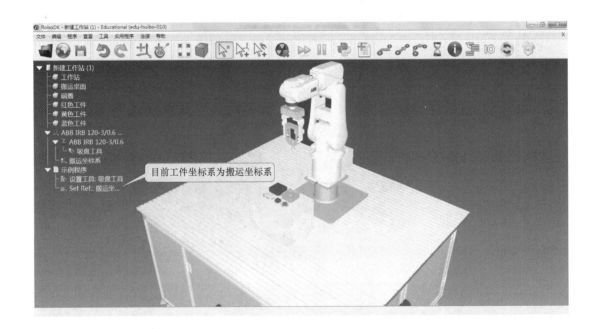

图 5-13　修改后的工件坐标系

### 5.4.4　添加工件位置初始化指令

通常在仿真前，都需要将工作站进行复位，即工件恢复到初始位置和信号复位等。Program 仿真程序的做法是在仿真程序开头添加工件初始位置指令，即仿真程序执行该指令时将工件恢复到初始位置。添加工件位置初始化指令的步骤如下：

步骤 1：将工件摆放到初始位置，如图 5-14 所示。

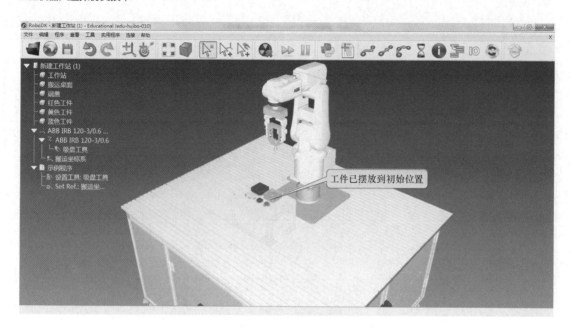

图 5-14　工件摆放到初始位置

　　步骤 2：选中"示例程序"，单击鼠标右键，选择"添加指令"→"Simulation Event In-struction"，如图 5-15 所示。

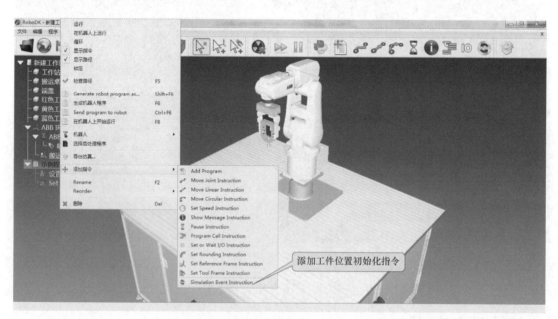

图 5-15　添加工件位置初始化指令

　　步骤 3：选择仿真事件：Set object position（absolute），然后选择要初始化位置的工件，如图 5-16、图 5-17 所示。本例中选择：红色工件、蓝色工件、黄色工件和端盖。

图 5-16　选择仿真事件和初始化位置的工件

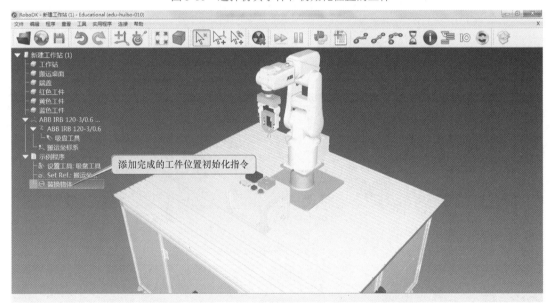

图 5-17　添加完成的工件位置初始化指令

### 5.4.5　添加机器人速度和加速度设置指令

RoboDK 中机器人速度和加速度设置指令可以设置机器人的线速度、线加速度、角速度和角加速度。Program 仿真程序中添加机器人速度设置指令的步骤如下：

**步骤 1**：选中"示例程序"，单击鼠标右键，选择"添加指令"→"Set Speed Instruction"，如图 5-18 所示。

**步骤 2**：设置机器人的线速度为"50"，角速度为"100"，线加速度和角加速度采用默认值，如图 5-19、图 5-20 所示。

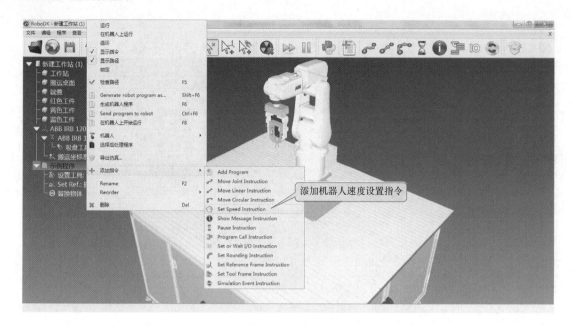

图 5-18　添加机器人速度设置指令

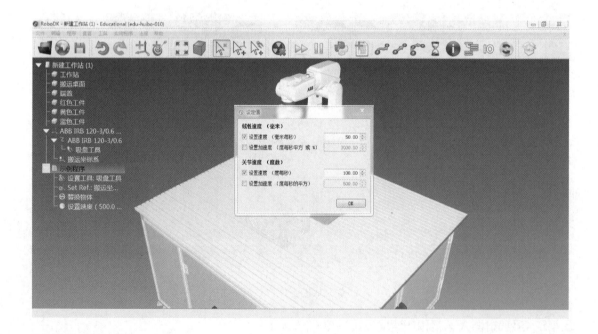

图 5-19　设置机器人的速度

### 5.4.6　添加机器人目标点

完成上述准备工作后，用户即可给仿真程序添加移动语句及相应的动作。注意：每添加一个移动语句，RoboDK 会自动在机器人当前有效的参考坐标系中添加一个默认的目标点。用户可以有两种处理方式，第一种：使用预先定义好的目标点，将移动语句关联至已经定义

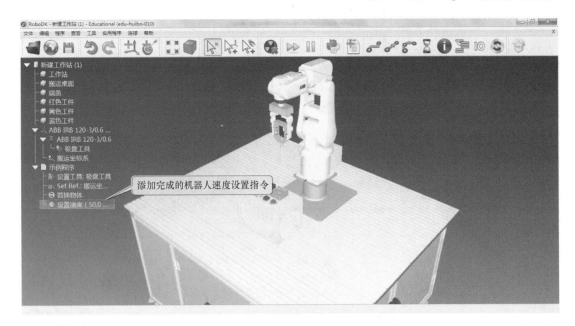

图 5-20　添加完成的机器人速度设置指令

好的目标点，并将生成的默认目标点删除；第二种：修改调用移动语句时生成的默认目标点，使之成为想要的目标点。这两种方法可以达到同样的目的，通常采用预先定义好的目标点，然后将移动指令关联至已经定义好的目标点。

本例中将添加的目标点有：起始点、红色（圆形工件的颜色，后同）预抓取点、红色抓取点、红色预放置点、红色放置点。添加以上目标点的步骤如下：

**步骤 1**：在"搬运坐标系"下添加 5 个目标点，如图 5-21 所示。

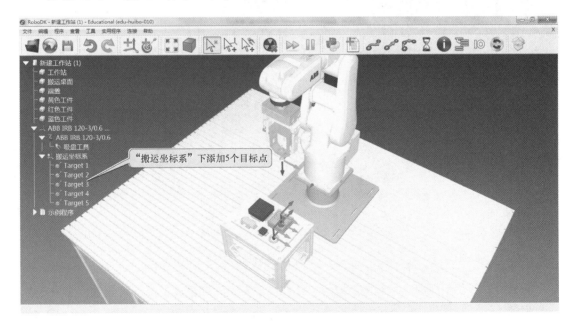

图 5-21　添加 5 个目标点

步骤 2：将目标点名称改为"起始点""红色预抓取点""红色抓取点""红色预放置点"和"红色放置点"，如图 5-22 所示。

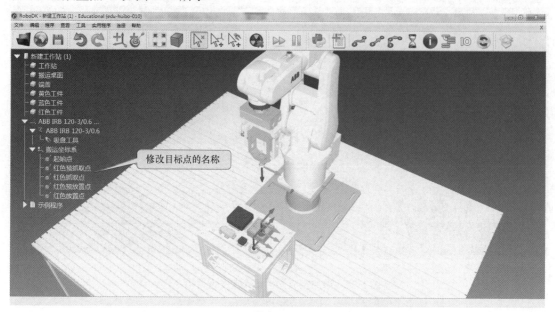

图 5-22　修改目标点的名称

步骤 3：选中目标点，按〈F3〉键，修改目标点的位置，如图 5-23 所示。

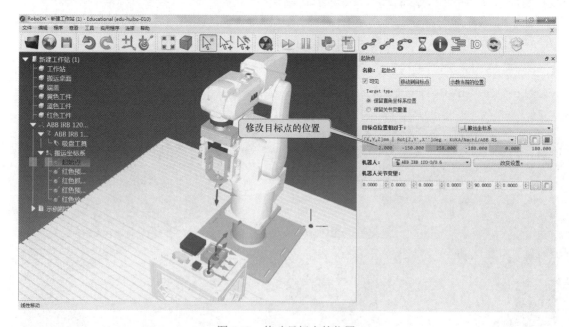

图 5-23　修改目标点的位置

起始点、红色预抓取点、红色抓取点、红色预放置点和红色放置点的位置数值见表 5-3。

步骤 4：为了清楚地观察机器人的运行轨迹，通常将目标点隐藏。选中目标点，单击鼠标右键，勾选"可见"，即可隐藏目标点，如图 5-24 ～图 5-26 所示。

表 5-3　目标点的位置数值

| 目标点 | 位置（X，Y，Z，RZ，RY，RX） | 工件坐标系 |
| --- | --- | --- |
| 起始点 | （2，−150，258，180，0，180） | 搬运坐标系 |
| 红色预抓取点 | （153，−80，75，180，0，180） | 搬运坐标系 |
| 红色抓取点 | （153，−80，25，180，0，180） | 搬运坐标系 |
| 红色预放置点 | （97，−87，95，180，0，180） | 搬运坐标系 |
| 红色放置点 | （97，−87，45，180，0，180） | 搬运坐标系 |

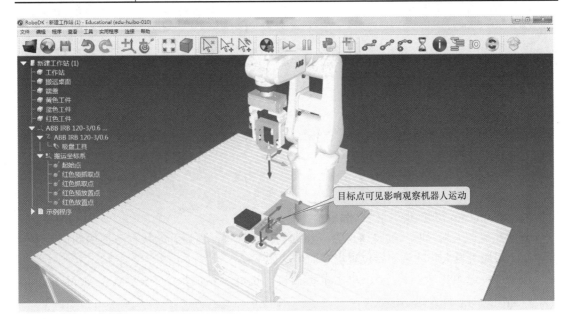

图 5-24　目标点可见影响观察机器人运动

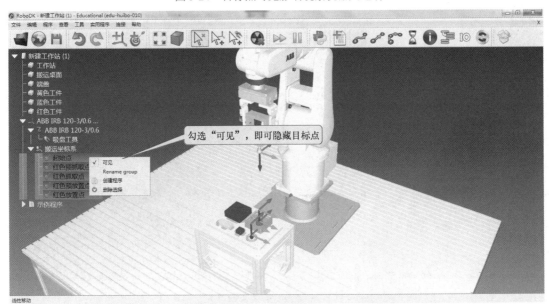

图 5-25　隐藏目标点

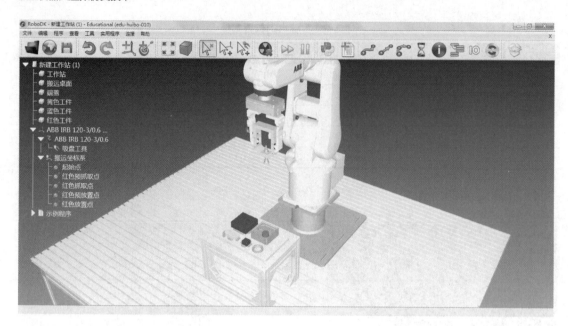

图 5-26　目标点已隐藏

### 5.4.7　添加机器人移动到初始位置指令

一般在机器人编程时，通常将机器人移动到初始位置，然后开始执行下面的动作，本例亦如此。添加机器人移动到初始位置指令的步骤如下：

**步骤 1：**选中"示例程序"，单击鼠标右键，选择"添加指令"→"Move Joint Instruction"，如图 5-27、图 5-28 所示。

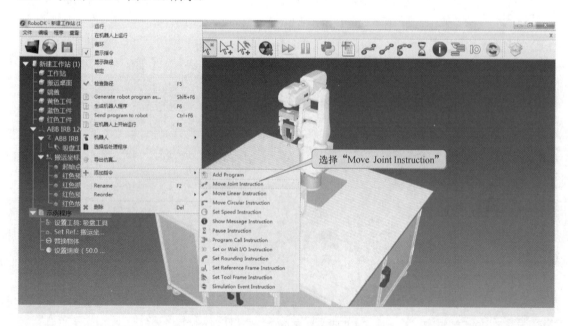

图 5-27　添加移动语句

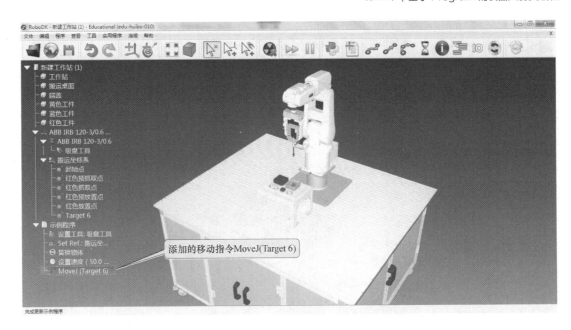

图 5-28　添加完成的移动语句

**步骤 2**：选中添加的移动指令"MoveJ（Target 6）"，单击鼠标右键，将移动指令关联的目标点修改为"起始点"，如图 5-29、图 5-30 所示。

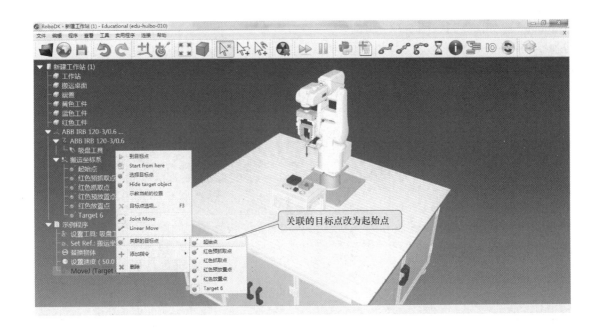

图 5-29　修改关联的目标点

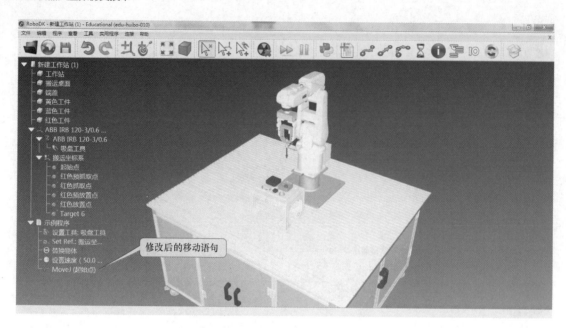

图 5-30　修改后的移动指令

### 5.4.8　添加机器人抓取工件移动指令

　　机器人移动到初始位置指令添加完成后，添加机器人抓取红色（圆形）工件的机器人移动指令。本例中机器人抓取红色工件的运动轨迹是：机器人先移动到红色工件抓取位置正上方（红色预抓取点），然后机器人再移动到红色工件抓取位置（红色抓取点），最后实现机器人抓取红色工件的动作。添加机器人抓取红色工件移动指令的步骤如下：

　　**步骤 1**：选中程序"示例程序"，单击鼠标右键，选择"添加指令"→"Move Joint Instruction"，如图 5-31、图 5-32 所示。

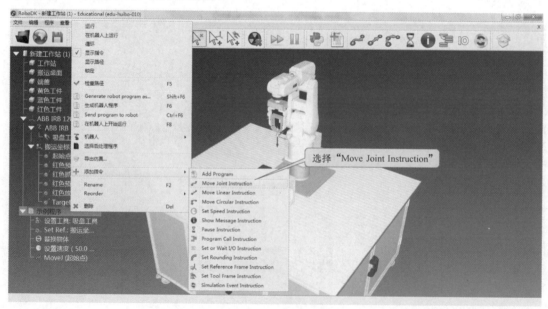

图 5-31　添加移动语句

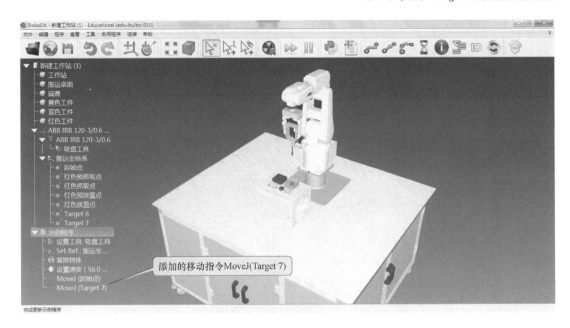

图 5-32　添加完成的移动语句

**步骤 2**：选中添加的移动指令"MoveJ（Target 7）"，单击鼠标右键，将移动指令关联的目标点修改为"红色预抓取点"，如图 5-33、图 5-34 所示。

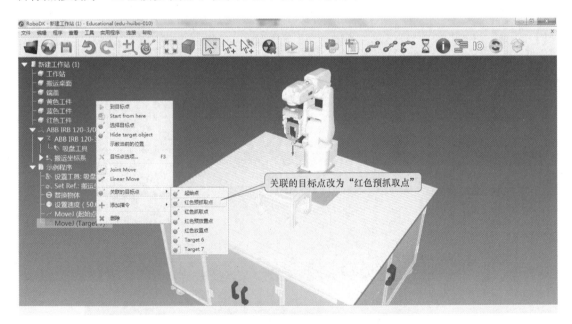

图 5-33　修改关联的目标点

**步骤 3**：重复上述步骤 1 和步骤 2，完成添加机器人移动指令"MoveL（红色抓取点）"，如图 5-35 所示。

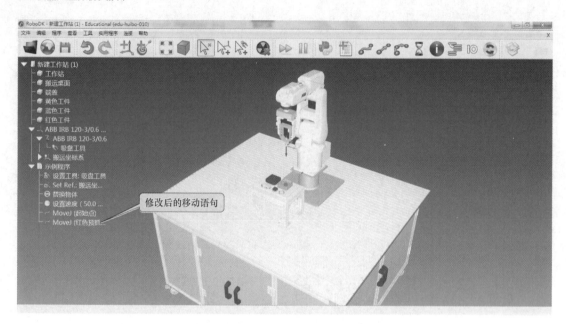

图 5-34    修改后的移动指令

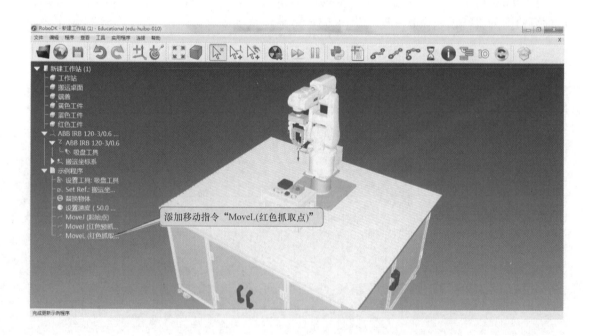

图 5-35    添加移动指令"MoveL（红色抓取点）"

**步骤 4：**上述添加移动指令的过程中默认生成了 Target 6、Target 7 和 Target 8 三个目标点，可以直接删除这三个目标点，如图 5-36、图 5-37 所示。

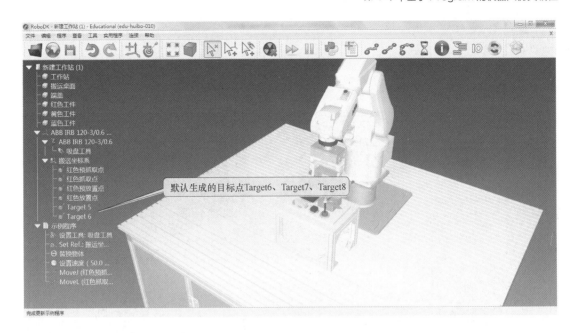

图 5-36  默认生成的目标点

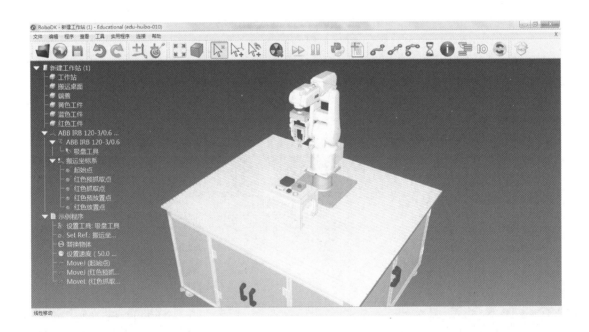

图 5-37  删除默认生成的目标点

### 5.4.9  添加机器人抓取动作指令

当机器人移动到红色工件抓取位置时，下一步就是机器人抓取红色工件。Program 编程方式是通过添加仿真事件指令实现对象的抓取和放置，操作步骤如下：

步骤 1：选中"示例程序"，单击鼠标右键，选择"添加指令"→"Simulation Event Instruction"，如图 5-38 所示。

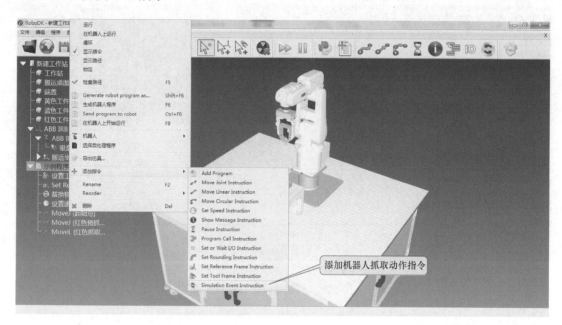

图 5-38　添加机器人抓取动作指令

步骤 2：系统弹出"事件指令"对话框，在"动作"下拉列表框中选择"Attach object"，其余选择默认设置，单击"OK"按钮，如图 5-39、图 5-40 所示。

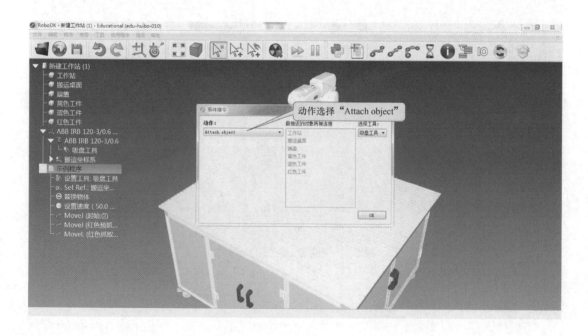

图 5-39　添加机器人抓取工件动作

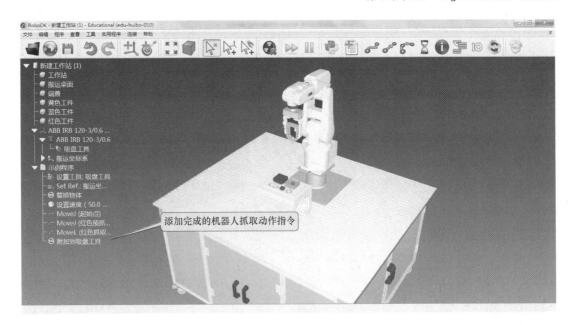

图 5-40　添加完成的机器人抓取动作指令

## 5.4.10　添加机器人等待指令

机器人执行抓取工件动作后，为了抓稳工件，通常需要机器人等待一定的时间，然后再执行下面的动作。机器人等待指令为"Pause Instruction"，时间的单位为 ms。操作步骤如下：

步骤 1：选中"示例程序"，单击鼠标右键，选择"添加指令"→"Pause Instruction"，如图 5-41 所示。

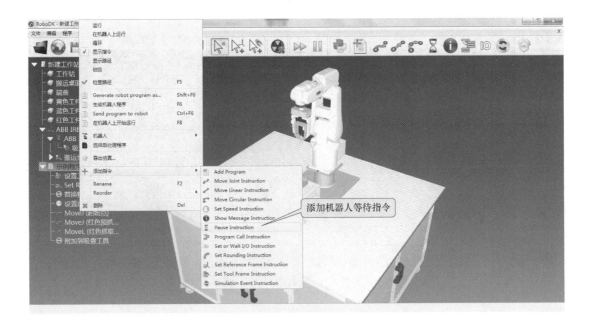

图 5-41　添加机器人等待指令

**步骤2**：添加的机器人等待指令如图5-42所示，时间默认值是500ms。

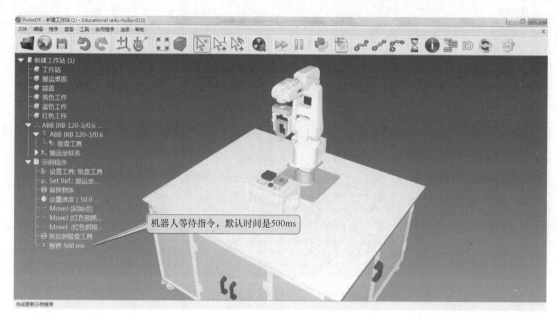

图 5-42  添加的机器人等待时间指令

**步骤3**：选中机器人等待指令"暂停500ms"，单击鼠标右键，选择"修改"，将时间改为200ms，如图5-43、图5-44所示。

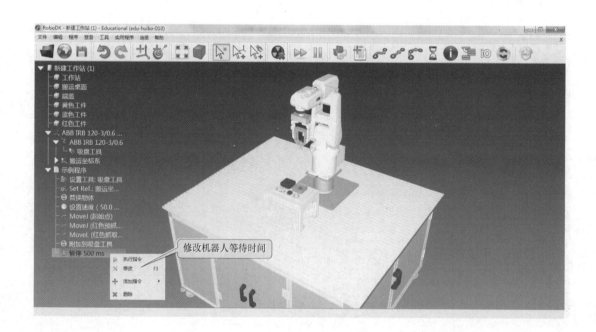

图 5-43  修改机器人等待时间

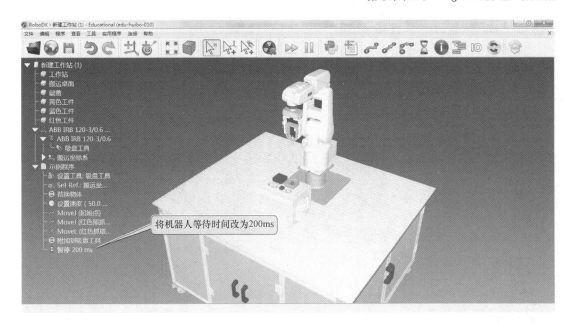

图 5-44   将机器人等待时间修改为 200ms

## 5.4.11   添加机器人放置工件移动指令

机器人放置红色（圆形）工件的流程是：机器人抓取红色工件后，返回到红色工件预抓取点，然后移动到红色工件预放置点，最后移动到红色工件放置点，实现机器人放置红色工件。重复上述机器人抓取红色工件移动指令的添加步骤，完成机器人放置红色工件移动指令的添加。依次添加指令 MoveL（红色预抓取点）、MoveJ（红色预放置点）和 MoveL（红色放置点），如图 5-45 所示。

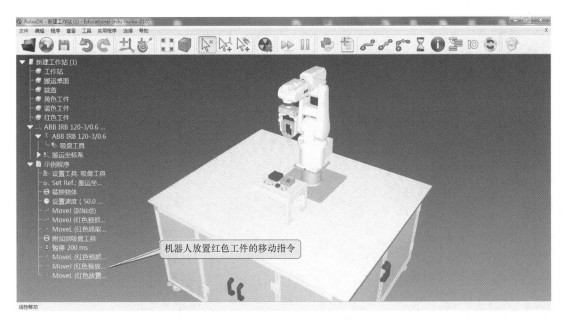

图 5-45   机器人放置红色工件的移动指令

## 5.4.12 添加机器人放置工件动作指令

添加机器人放置工件动作指令的操作步骤如下：

**步骤 1：** 选中"示例程序"，单击鼠标右键，选择"添加指令"→"Simulation Event Instruction"，如图 5-46 所示。

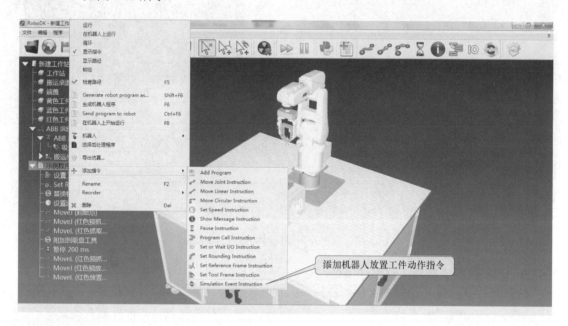

图 5-46　添加机器人放置工件动作指令

**步骤 2：** 系统弹出"事件指令"对话框，在"动作"下拉列表框中选择"Detach object"，其余选择默认设置，单击"OK"按钮，如图 5-47、图 5-48 所示。

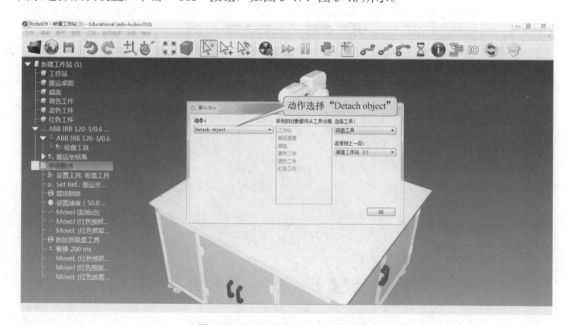

图 5-47　添加机器人放置工件动作

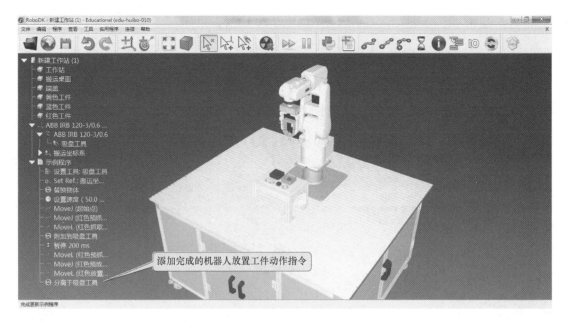

图 5-48　添加完成的机器人放置工件动作指令

**步骤 3**：添加机器人移动指令，使机器人返回到红色工件预放置点，如图 5-49 所示。

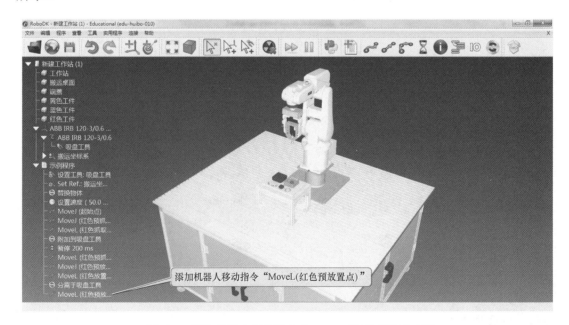

图 5-49　添加机器人移动指令"MoveL（红色预放置点）"

## 5.5　Program 仿真程序运行

Program 仿真程序的运行方法是：双击 Program 程序，运行程序，执行机器人应用仿真。

工业机器人虚拟仿真技术

在本例中，选中"示例程序"，双击运行，如图 5-50 ～图 5-52 所示。

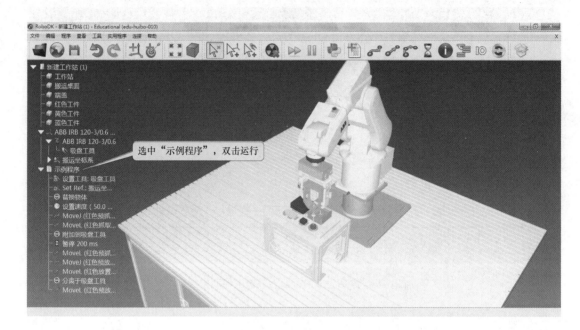

图 5-50　程序运行

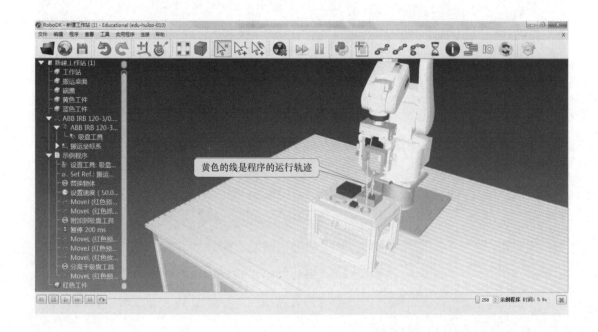

图 5-51　程序运行轨迹

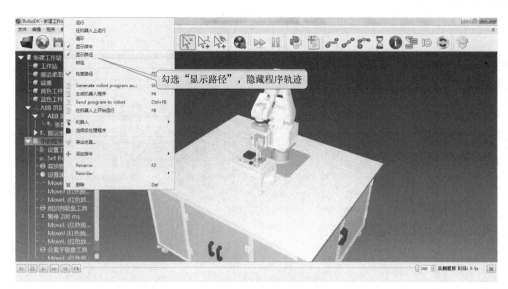

图 5-52　隐藏程序运行轨迹

## 5.6　Program 仿真程序相关操作

RoboDK 支持的 Program 程序相关操作如下：

1）Program 程序的路径检查。路径检查的内容有：程序目标点是否超出机器人的运动范围，程序运行过程中是否存在奇异点，程序是否存在未定义的目标点等。

2）导出仿真动画（pdf 格式或 html 格式）。

3）生成相应机器人品牌的离线程序。

### 5.6.1　程序路径检查

Program 程序路径检查的操作步骤为：选中"示例程序"，单击鼠标右键，选择"检查路径"，如图 5-53、图 5-54 所示。

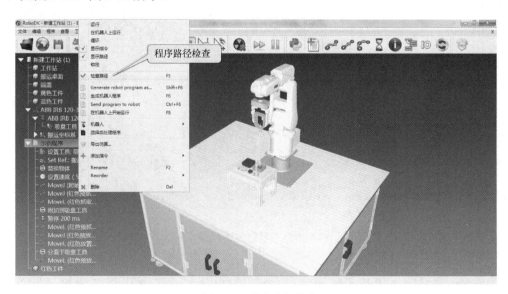

图 5-53　程序路径检查

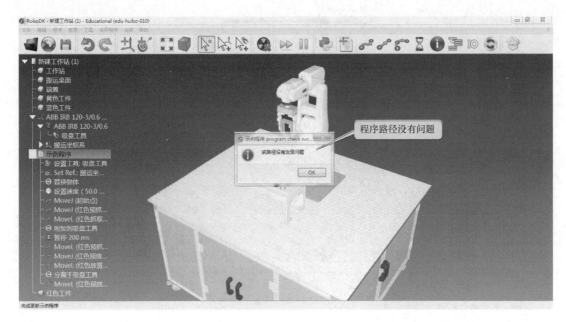

图 5-54　程序路径检查结果

## 5.6.2　导出仿真动画

以"示例程序"为例，导出程序仿真动画的步骤如下：

**步骤 1：**选中"示例程序"，单击鼠标右键，选择"导出仿真"，如图 5-55 所示。

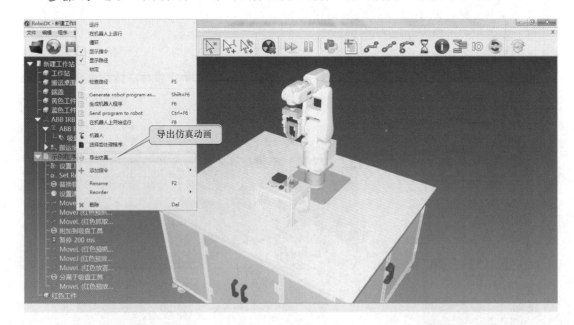

图 5-55　导出仿真动画

**步骤 2：**选择导出仿真动画的格式（pdf 或 html），然后导出仿真动画，如图 5-56 所示。

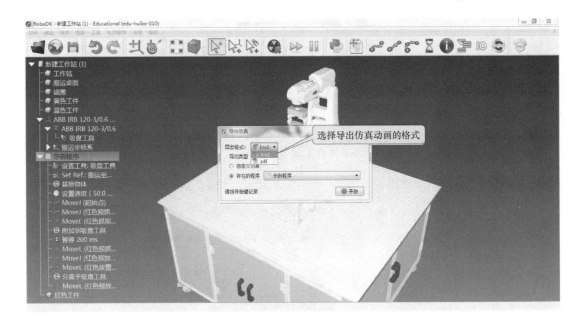

图 5-56　选择导出仿真动画的格式

### 5.6.3　导出机器人离线程序

以"示例程序"为例，导出机器人离线程序的步骤如下：

**步骤 1：**选中"示例程序"，单击鼠标右键，选择"Generate robot program as"导出离线程序，如图 5-57 所示。

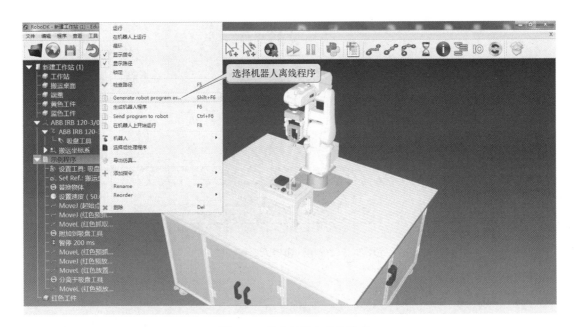

图 5-57　导出机器人离线程序

**步骤 2：**选择离线程序的保存路径，如图 5-58 所示。

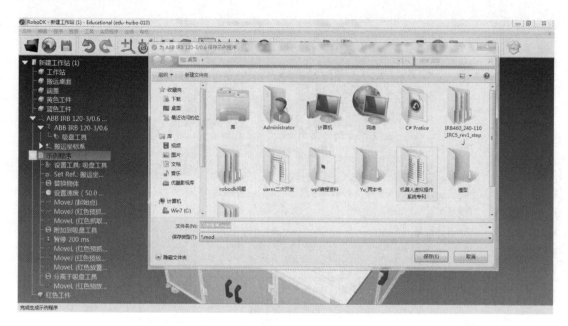

图 5-58 选择离线程序的保存路径

步骤 3：导出的机器人离线程序如图 5-59 所示。注意：这里忽略中文对离线程序的影响。

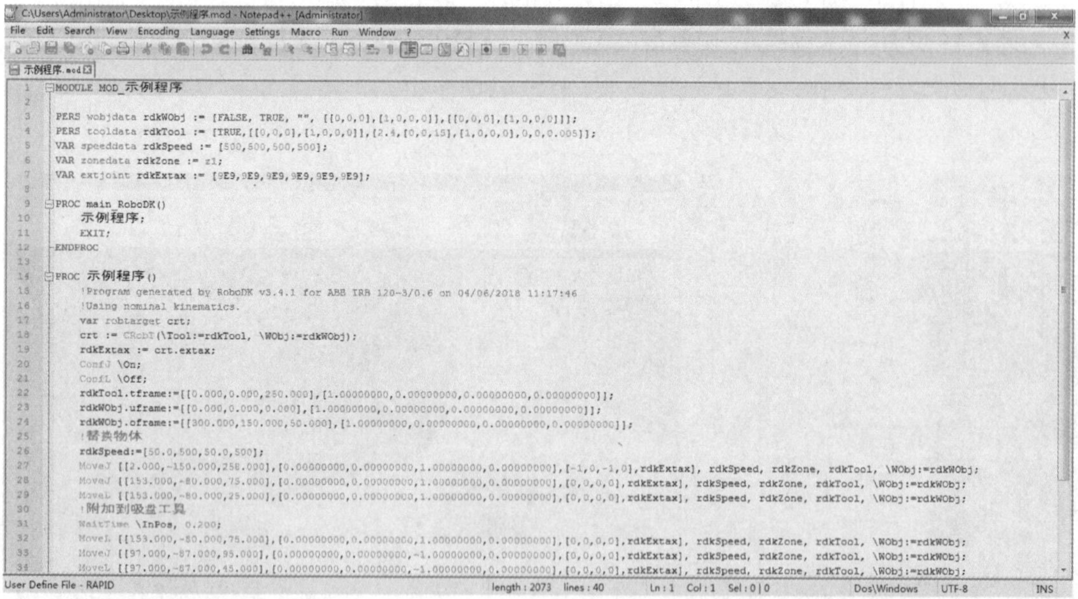

图 5-59 导出的机器人离线程序

# 5.7 学习总结与课后练习

## 5.7.1 学习总结

本章主要介绍了 RoboDK 的编程方式，详细介绍了 Program 仿真编程的指令，并通过机器人简单搬运应用案例介绍了 Program 仿真编程的方法，最后介绍了 Program 程序的相关操作。

## 5.7.2 课后练习

课后练习：编制剩余的蓝色（正方形）工件、黄色（长方形）工件和端盖的搬运仿真程序。搬运程序需要用到的目标点见表 5-4～表 5-6。

表 5-4 蓝色工件搬运程序的目标点

| 目标点 | 位置（X, Y, Z, RZ, RY, RX） | 工件坐标系 |
|---|---|---|
| 蓝色预抓取点 | （153，−132，75，180，0，180） | 搬运坐标系 |
| 蓝色抓取点 | （153，−32，25，180，0，180） | 搬运坐标系 |
| 蓝色预放置点 | （97，−118，95，180，0，180） | 搬运坐标系 |
| 蓝色放置点 | （97，−118，45，180，0，180） | 搬运坐标系 |

表 5-5 黄色工件搬运程序的目标点

| 目标点 | 位置（X, Y, Z, RZ, RY, RX） | 工件坐标系 |
|---|---|---|
| 黄色预抓取点 | （153，−201.5，75，180，0，180） | 搬运坐标系 |
| 黄色抓取点 | （153，−201.5，25，180，0，180） | 搬运坐标系 |
| 黄色预放置点 | （66，−101，95，180，0，180） | 搬运坐标系 |
| 黄色放置点 | （66，−101，45，180，0，180） | 搬运坐标系 |

表 5-6 端盖工件搬运程序的目标点

| 目标点 | 位置（X, Y, Z, RZ, RY, RX） | 工件坐标系 |
|---|---|---|
| 端盖预抓取点 | （82，−198，89，180，0，180） | 搬运坐标系 |
| 端盖抓取点 | （82，−198，39，180，0，180） | 搬运坐标系 |
| 端盖预放置点 | （82，−102，113，180，0，180） | 搬运坐标系 |
| 端盖放置点 | （82，−102，63，180，0，180） | 搬运坐标系 |

# 第6章
# 基于 RoboDK API 的机器人仿真编程

## 6.1 学习目标

本章主要学习以下知识点：

1. RoboDK API 介绍。

2. 基于 Python 的 RoboDK API 常用函数的功能及用法。

3. 基于 RoboDK API 的机器人仿真编程的方法。

## 6.2 RoboDK API 简介

RoboDK API 是基于 Python 开发的。基于 Python 的 RoboDK API 能够创造机器人和复杂机构的仿真模型，同时能够进行大量机器人机构的自动化应用仿真。基于 Python 的 RoboDK API 不仅支持机器人的应用仿真，而且支持机器人应用的离线编程。

基于 Python 的 RoboDK API 是由 robolink 模块和 robodk 模块组成的。

1）robolink 模块是 RoboDK 和 Python 之间的桥梁。通过 robolink，可以在 Python 中定义 RoboDK 工作站中的对象，并可通过调用该对象所具有的函数或方法来执行相应的动作；该对象可以是机器人、工具、坐标系、目标点或一个特定的对象。

2）robodk 模块是一个基于 Python 开发的机器人工具，支持机器人相关的算法。

## 6.3 基于 Python 的 RoboDK API 的常用函数

基于 Python 的 RoboDK API 是由 robolink 模块和 robodk 模块组成的，robolink 的默认安装路径为：C:/RoboDK/ robolink.py，robodk 的默认安装路径为：C:/RoboDK/ robodk.py。基于 RoboDK API 的机器人仿真编程主要是调用 robolink 中的相关函数实现机器人的仿真。

### 6.3.1 加载 RoboDK API 模块

在 RoboDK 中创建 Python 程序以及在 Python 程序中调用 RoboDK API 中的函数之前，必须先在 Python 程序中加载 RoboDK API 模块文件，然后使 RoboDK API 和 Python 建立连接。在 Python 中加载 RoboDK API 模块，RoboDK 和 Python 建立连接，见表 6-1。

表 6-1 RoboDK 和 Python 建立连接

| 函数名 | from robodk import *<br>from robolink import *<br>RDK = Robolink（） |
| --- | --- |

（续）

| 功能 | from robodk import *：加载机器人算法相关的函数<br>from robolink import *：加载 RoboDK 工作站相关操作的函数<br>RDK = Robolink（）：Python 和 RoboDK API 建立连接 |

### 6.3.2 定义工作站中的对象

要使对象执行相关动作，必须先在 Python 程序中定义工作站中的对象。在基于 Python 的 RoboDK API 中定义工作站中对象的方法见表 6-2。

表 6-2 定义工作站中的对象

| 函数名 | Item（name，itemtype=None） |
|---|---|
| 参数 | name：工作站中对象的名称<br>itemtype：对象的类型（可省略） |
| 功能 | 定义 RoboDK 工作站中的对象 |
| 示例 | RDK= Robolink（）<br>robot = RDK.Item（'ABB IRB 120-3-0-6'）<br>定义工作站中名称为 "ABB IRB 120-3-0-6" 的对象 |

### 6.3.3 定义机器人工具及工件坐标系

在基于 Python 的 RoboDK API 中定义机器人工具及工件坐标系的函数见表 6-3、表 6-4。

表 6-3 定义机器人工具坐标系

| 函数名 | setPoseTool（tool） |
|---|---|
| 参数 | tool：已定义的 RoboDK 工作站中的工具对象 |
| 功能 | 定义机器人的工具坐标系 |
| 示例 | RDK= Robolink（）<br>robot = RDK.Item（'ABB IRB 120-3/0-6'）<br>tool = RDK.Item（'吸盘夹具'）<br>robot.setPoseTool（tool） |

表 6-4 定义机器人的工件坐标系

| 函数名 | setPoseFrame（frame） |
|---|---|
| 参数 | frame：已定义的 RoboDK 工作站中的工件坐标系 |
| 功能 | 定义机器人的工件坐标系 |
| 示例 | RDK= Robolink（）<br>robot = RDK.Item（'ABB IRB 120-3/0-6'）<br>reference_frame = RDK.Item（'搬运坐标系'）<br>robot.setPoseFrame（reference_frame） |

### 6.3.4 定义机器人速度

在基于 Python 的 RoboDK API 中定义机器人速度的函数见表 6-5。

表 6-5　定义机器人的速度

| 函数名 | setSpeed（speed_linear，speed_joints=-1，accel_linear=-1，accel_joints=-1） |
|---|---|
| 参数 | speed_linear：线速度<br>speed_joints：角速度，默认值（-1）代表使用当前值，保持不变<br>accel_linear：线加速度，默认值（-1）代表使用当前值，保持不变<br>accel_joints：角加速度，默认值（-1）代表使用当前值，保持不变 |
| 功能 | 定义机器人的线速度、角速度、线加速度和角加速度 |
| 示例 | RDK= Robolink（）<br>robot = RDK.Item（'ABB IRB 120-3/0-6'）<br>robot.setSpeed（50，50，100，100） |

### 6.3.5　获取及修改对象位置

在基于 Python 的 RoboDK API 中获取对象位置及修改对象位置的函数见表 6-6、表 6-7。

表 6-6　获取对象位置的函数

| 函数名 | Pose（） |
|---|---|
| 参数 | 无 |
| 功能 | 获取指定对象的位置 |
| 示例 | RDK= Robolink（）<br>red_part = RDK.Item（'红色工件'）<br>part_pose = red_part.Pose（） |

表 6-7　修改对象位置的函数

| 函数名 | setPose（pose） |
|---|---|
| 参数 | pose：已定义的位置数据（4×4 矩阵） |
| 功能 | 设置指定对象的位置 |
| 示例 | RDK= Robolink（）<br>red_part = RDK.Item（'红色工件'）<br>pose = transl（100，0，100）*rotx（pi）*roty（pi）*rotz（pi）<br>red_part.setPose（pose） |

### 6.3.6　定义机器人目标点

Python 程序定义机器人的目标点有两种方式：第一种，在 Python 程序中定义 RoboDK 工作站中已经存在的目标点，然后 Python 程序直接使用定义好的目标点；第二种，直接在 Python 程序中按照 RoboDK API 的格式定义机器人目标点，见表 6-8、表 6-9。

表 6-8　定义机器人目标点方法 1

| 示例 | p1 = RDK.Item（'红色工件抓取点'） |
|---|---|
| 参数 | 红色（圆形）工件抓取点：RoboDK 工作站中已存在的目标点 |
| 功能 | 在 Python 中定义机器人的目标点 |

表 6-9　定义机器人目标点方法 2

| 示例 | p1 = transl（302，0，308）*rotz（pi）*rotx（pi） |
|---|---|
| 参数 | transl（）：位置平移变换函数 |
| | rotz（）、roty（）、rotx（）：位置旋转变换函数 |
| 功能 | 定义机器人的目标点 |

### 6.3.7　机器人运动函数

机器人运动函数分为关节运动函数、直线运动函数和圆弧运动函数，见表 6-10 ～表 6-12。

表 6-10　机器人关节运动函数

| 函数名 | MoveJ（target） |
|---|---|
| 参数 | target：Python 程序中已定义的目标点（4×4 矩阵） |
| 功能 | 机器人关节运动 |
| 示例 | RDK= Robolink（）<br>robot = RDK.Item（'ABB IRB 120-3/0-6'）<br>p1 = transl（302，0，308）*rotz（pi）*rotx（pi）<br>robot.MoveJ（p1） |
| 说明 | MoveJ 的使用对象必须是已定义的机器人对象 |

表 6-11　机器人直线运动函数

| 函数名 | MoveL（target） |
|---|---|
| 参数 | target：Python 程序中已定义的目标点（4×4 矩阵） |
| 功能 | 机器人直线运动 |
| 示例 | RDK= Robolink（）<br>robot = RDK.Item（'ABB IRB 120-3/0-6'）<br>p2 = transl（302，0，308）*rotz（pi）*rotx（pi）<br>robot.MoveL（p1） |
| 说明 | MoveL 的使用对象必须是已定义的机器人对象 |

表 6-12　机器人圆弧运动函数

| 函数名 | MoveC（target1，target2） |
|---|---|
| 参数 | target1，target2：python 程序中已定义的目标点（4×4 矩阵） |
| 功能 | 机器人圆弧运动 |
| 示例 | RDK= Robolink（）<br>robot = RDK.Item（'ABB IRB 120-3/0-6'）<br>p3 = transl（302，0，308）*rotz（pi）*rotx（pi）<br>p4 = transl（302，50，308）*rotz（pi）*rotx（pi）<br>robot.MoveC（p3，p4） |
| 说明 | MoveC 的使用对象必须是已定义的机器人对象 |

### 6.3.8 机器人抓取工件和放置工件函数

在基于 Python 的 RoboDK API 中机器人抓取对象和放置对象的函数见表 6-13、表 6-14。

表 6-13  机器人抓取工件函数

| 函数名 | AttachClosest（） |
|---|---|
| 参数 | 无 |
| 功能 | 机器人抓取离工具最近的工件对象 |
| 示例 | RDK= Robolink（）<br>tool = RDK.Item（'吸盘工具'）<br>tool.AttachClosest（） |
| 说明 | AttachClosest 的使用对象必须是已定义的工具对象 |

表 6-14  机器人放置工件函数

| 函数名 | DetachAll（parent） |
|---|---|
| 参数 | parent：将工件放到指定的参考系下（可省略） |
| 功能 | 机器人放置工件 |
| 示例 | RDK= Robolink（）<br>tool = RDK.Item（'吸盘工具'）<br>tool.DetachAll（） |
| 说明 | DetachAll 的使用对象必须是已定义的工具对象 |

## 6.4  基于 RoboDK API 的机器人仿真编程应用案例

本节使用基于 RoboDK API 的机器人仿真编程方式实现上一章节中的机器人搬运应用仿真。机器人搬运应用示意图如图 6-1 所示。

图 6-1  机器人搬运应用示意图

### 6.4.1  Python 编程命名规则

Python 编程常用的名称规则如下：

1）变量尽量采用全小写的形式。变量可以由单个单词或多个单词组成，多个单词之间用下划线隔开，如 robot、robot_name。

2）常量通常采用全大写的形式。常量可以由单个单词或多个单词组成，多个单词之间用下划线隔开，如 DISTANCE、MAX_SPEED。

3）函数名通常采用全小写的形式。函数名可以由单个单词或多个单词组成，多个单词之间用下划线隔开，如 pick、pick_red_part。

### 6.4.2 创建 Python 仿真程序

在 RoboDK 工作站中创建 Python 仿真程序如图 6-2 所示。

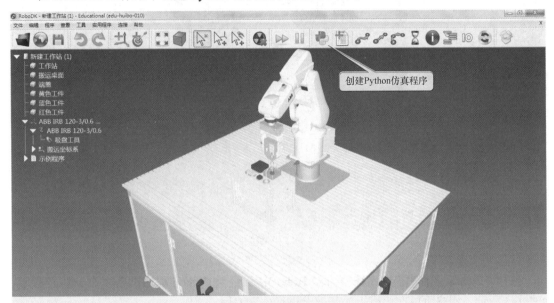

图 6-2　创建 Python 程序

创建的 Python 仿真程序默认名称是 Prog1。选中"Prog1"，按〈F2〉键，将程序重新命名为"Python 示例程序"，如图 6-3 所示。

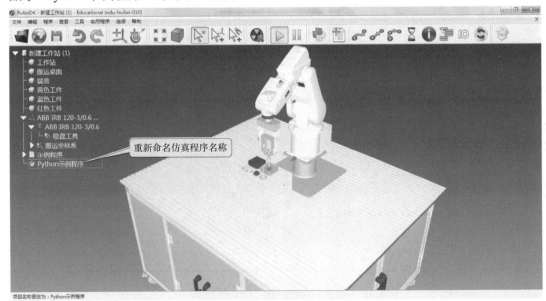

图 6-3　重新命名仿真程序名称

### 6.4.3 编辑 Python 仿真程序

选中"Python 示例程序",单击鼠标右键,选择"编辑 Python 程序",如图 6-4 所示。

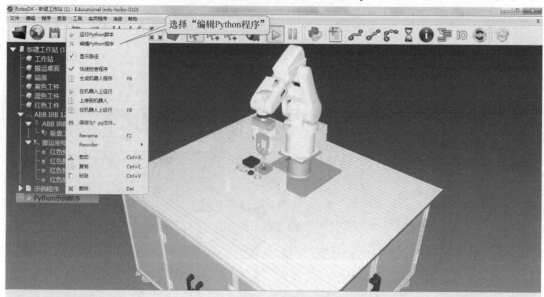

图 6-4 编辑 Python 程序

打开"Python 示例程序"编辑界面,RoboDK 已经为 Python 程序准备了默认程序模板,如图 6-5 所示。用户可以在此模板的基础上进行仿真编程。

```python
# Type help("roboDK") or help("robodk") for more information
# Press F5 to run the script
# Documentation: https://robodk.com/doc/en/RoboDK-API.html
# Reference:     https://robodk.com/doc/en/PythonAPI/index.html
# Note: It is not required to keep a copy of this file, your python script is saved with
from robolink import *    # RoboDK API
from robodk import *      # Robot toolbox
RDK = Robolink()

# Notify user:
print('To edit this program:\nright click on the Python program, then, select "Edit Pyth

# Program example:
item = RDK.Item('base')
if item.Valid():
    print('Item selected: ' + item.Name())
    print('Item posistion: ' + repr(item.Pose()))

print('Items in the station:')
itemlist = RDK.ItemList()
print(itemlist)

raise Exception('Program not edited.')
```

图 6-5 Python 程序默认模板

删除默认程序模板如图 6-6 所示。

```
# Type help("robolink") or help("robodk") for more information
# Press F5 to run the script
# Documentation: https://robodk.com/doc/en/RoboDK-API.html
# Reference:     https://robodk.com/doc/en/PythonAPI/index.html
# Note: It is not required to keep a copy of this file, your python script is saved wi
```

图 6-6　删除默认程序模板

### 6.4.4　加载 RoboDK API 模块

进行基于 RoboDK API 的机器人仿真编程时，Python 程序要调用 RoboDK API 中相应的函数，执行相应的动作前，必须先加载 RoboDK API 模块文件。在"Python 示例程序"中加载 RoboDK API 模块文件如图 6-7 所示。

```
# Type help("robolink") or help("robodk") for more information
# Press F5 to run the script
# Documentation: https://robodk.com/doc/en/RoboDK-API.html
# Reference:     https://robodk.com/doc/en/PythonAPI/index.html
# Note: It is not required to keep a copy of this file, your python script

from robodk import *          # 加载robodk模块文件
from robolink import *        # 加载robolink模块文件

RDK = Robolink()              # Python程序同RoboDK API建立连接
```

图 6-7　加载 RoboDK API 模块文件

### 6.4.5　定义工作站中的对象

RoboDK 工作站中的对象主要包括机器人、工具、工件坐标系和工件等。Python 程序中对象的名称必须和 RoboDK 工作站中的对象名称一致。"Python 示例程序"中定义工作站中对象如图 6-8 所示。

```
# Type help("robolink") or help("robodk") for more information
# Press F5 to run the script
# Documentation: https://robodk.com/doc/en/RoboDK-API.html
# Reference:     https://robodk.com/doc/en/PythonAPI/index.html
# Note: It is not required to keep a copy of this file, your python script

from robodk import *                          # 加载robodk模块文件
from robolink import *                        # 加载robolink模块文件

RDK = Robolink()                              # Python程序同RoboDK API建立连接

# 定义工作站中的对象
robot = RDK.Item('ABB IRB 120-3/0.6')         # 定义机器人对象
tool = RDK.Item('吸盘工具')                    # 定义工具对象
reference_frame = RDK.Item('搬运坐标系')        # 定义搬运坐标系对象
red_part = RDK.Item('红色工件')                # 定义红色工件
blue_part = RDK.Item('蓝色工件')               # 定义蓝色工件
yellow_part = RDK.Item('黄色工件')             # 定义黄色工件
cover = RDK.Item('端盖')                       # 定义端盖
```

图 6-8　定义工作站中的对象

## 6.4.6　定义机器人的目标点

本例中定义机器人目标点的方法是：在 Python 程序中按照 RoboDK API 的格式定义目标点。机器人目标点的数值见表 6-15。

表 6-15　机器人目标点的数值

| 目标点 | 位置（X, Y, Z, RZ, RY, RX） | 工件坐标系 |
|---|---|---|
| home | （2，−150，258，180，0，180） | 搬运坐标系 |
| pick_red_app | （153，−80，75，180，0，180） | 搬运坐标系 |
| pick_red | （153，−80，25，180，0，180） | 搬运坐标系 |
| put_red_app | （97，−87，95，180，0，180） | 搬运坐标系 |
| put_red | （97，−87，45，180，0，180） | 搬运坐标系 |

在"Python 示例程序"中，定义机器人目标点如图 6-9 所示。

```
# Type help("robolink") or help("robodk") for more information
# Press F5 to run the script
# Documentation: https://robodk.com/doc/en/RoboDK-API.html
# Reference:      https://robodk.com/doc/en/PythonAPI/index.html
# Note: It is not required to keep a copy of this file, your python script is sa

from robodk import *          # 加载robodk模块文件
from robolink import *        # 加载robolink模块文件

RDK = Robolink()              # Python程序同RoboDK API建立连接

# 定义工作站中的对象
robot = RDK.Item('ABB IRB 120-3/0.6')          # 定义机器人对象
tool = RDK.Item('吸盘工具')                      # 定义工具对象
reference_frame = RDK.Item('搬运坐标系')          # 定义搬运坐标系对象
red_part = RDK.Item('红色工件')                   # 定义红色工件
blue_part = RDK.Item('蓝色工件')                  # 定义蓝色工件
yellow_part = RDK.Item('黄色工件')                # 定义黄色工件
cover = RDK.Item('端盖')                         # 定义端盖

# 定义机器人的目标点
home = transl(2, -150, 258)*rotz(pi)*rotx(pi)          # 定义机器人起始点
pick_red_app = transl(153, -80, 75)*rotz(pi)*rotx(pi)  # 定义红色工件预抓取点
pick_red = transl(153, -80, 25)*rotz(pi)*rotx(pi)      # 定义红色工件抓取点
put_red_app = transl(97, -87, 95)*rotz(pi)*rotx(pi)    # 定义红色工件预放置点
put_red = transl(97, -87, 45)*rotz(pi)*rotx(pi)        # 定义红色工件放置点
```

图 6-9　定义机器人目标点

## 6.4.7　工作站初始化函数

工作站初始化主要包括工件位置摆放到初始位置和信号复位等，本例中主要是工件位置的初始化。工件初始化位置见表 6-16。

表 6-16　工件初始化位置

| 对象 | 布局（位置） | 参照对象 |
|---|---|---|
| 红色工件 | （453，70，75，0，0，0） | 新建工作站 |
| 蓝色工件 | （453，18，75，0，0，0） | 新建工作站 |
| 黄色工件 | （453，−52，75，0，0，0） | 新建工作站 |
| 端盖 | （382，−48，89，0，0，0） | 新建工作站 |

在"Python 示例程序"中，工件位置初始化函数如图 6-10 所示。

```
# 定义工作站中的对象
robot = RDK.Item('ABB IRB 120-3/0.6')          # 定义机器人对象
tool = RDK.Item('吸盘工具')                       # 定义工具对象
reference_frame = RDK.Item('搬运坐标系')           # 定义搬运坐标系对象
red_part = RDK.Item('红色工件')                    # 定义红色工件
blue_part = RDK.Item('蓝色工件')                   # 定义蓝色工件
yellow_part = RDK.Item('黄色工件')                 # 定义黄色工件
cover = RDK.Item('端盖')                          # 定义端盖

# 定义机器人的目标点
home = transl(2, -150, 258)*rotz(pi)*rotx(pi)              # 定义机器人起始点
pick_red_app = transl(153, -80, 75)*rotz(pi)*rotx(pi)      # 定义红色工件预抓取点
pick_red = transl(153, -80, 25)*rotz(pi)*rotx(pi)          # 定义红色工件抓取点
put_red_app = transl(97, -87, 95)*rotz(pi)*rotx(pi)        # 定义红色工件预放置点
put_red = transl(97, -87, 45)*rotz(pi)*rotx(pi)            # 定义红色工件放置点

# 工作站初始化函数
def init():
    red_part.setPose(transl(453, 70, 75))        # 红色工件位置初始化
    blue_part.setPose(transl(453, 18, 75))       # 蓝色工件位置初始化
    yellow_part.setPose(transl(453, -52, 75))    # 黄色工件位置初始化
    cover.setPose(transl(382, -48, 89))          # 端盖工件位置初始化

########## 开始仿真 ##########

init()                                           # 调用工作站初始化函数
```

图 6-10  工作站初始化函数

### 6.4.8  定义机器人工具坐标系和工件坐标系

在"Python 示例程序"中，定义机器人工具坐标系和工件坐标系的方法如图 6-11 所示。

```
reference_frame = RDK.Item('搬运坐标系')           # 定义搬运坐标系对象
red_part = RDK.Item('红色工件')                    # 定义红色工件
blue_part = RDK.Item('蓝色工件')                   # 定义蓝色工件
yellow_part = RDK.Item('黄色工件')                 # 定义黄色工件
cover = RDK.Item('端盖')                          # 定义端盖

# 定义机器人的目标点
home = transl(2, -150, 258)*rotz(pi)*rotx(pi)              # 定义机器人起始点
pick_red_app = transl(153, -80, 75)*rotz(pi)*rotx(pi)      # 定义红色工件预抓取点
pick_red = transl(153, -80, 25)*rotz(pi)*rotx(pi)          # 定义红色工件抓取点
put_red_app = transl(97, -87, 95)*rotz(pi)*rotx(pi)        # 定义红色工件预放置点
put_red = transl(97, -87, 45)*rotz(pi)*rotx(pi)            # 定义红色工件放置点

# 工作站初始化函数
def init():
    red_part.setPose(transl(453, 70, 75))        # 红色工件位置初始化
    blue_part.setPose(transl(453, 18, 75))       # 蓝色工件位置初始化
    yellow_part.setPose(transl(453, -52, 75))    # 黄色工件位置初始化
    cover.setPose(transl(382, -48, 89))          # 端盖工件位置初始化

########## 开始仿真 ##########

init()                                           # 调用工作站初始化函数

robot.setPoseTool(tool)                          # 定义机器人工具坐标系
robot.setPoseFrame(reference_frame)              # 定义机器人工件坐标系
```

图 6-11  定义机器人工具坐标系和工件坐标系

## 6.4.9 定义机器人的速度

在"Python 示例程序"中，定义机器人速度的方法如图 6-12 所示。

```
blue_part = RDK.Item('蓝色工件')              # 定义蓝色工件
yellow_part = RDK.Item('黄色工件')            # 定义黄色工件
cover = RDK.Item('端盖')                       # 定义端盖

# 定义机器人的目标点
home = transl(2, -150, 258)*rotz(pi)*rotx(pi)              # 定义机器人起始点
pick_red_app = transl(153, -80, 75)*rotz(pi)*rotx(pi)     # 定义红色工件预抓取点
pick_red = transl(153, -80, 25)*rotz(pi)*rotx(pi)         # 定义红色工件抓取点
put_red_app = transl(97, -87, 95)*rotz(pi)*rotx(pi)       # 定义红色工件预放置点
put_red = transl(97, -87, 45)*rotz(pi)*rotx(pi)           # 定义红色工件放置点

# 工作站初始化函数
def init():
    red_part.setPose(transl(453, 70, 75))        # 红色工件位置初始化
    blue_part.setPose(transl(453, 18, 75))       # 蓝色工件位置初始化
    yellow_part.setPose(transl(453, -52, 75))    # 黄色工件位置初始化
    cover.setPose(transl(382, -48, 89))          # 端盖工件位置初始化

########## 开始仿真 ##########

init()                                            # 调用工作站初始化函数

robot.setPoseTool(tool)                           # 定义机器人工具坐标系
robot.setPoseFrame(reference_frame)               # 定义机器人工件坐标系

robot.setSpeed(20, 20, -1, -1)      # 定义机器人速度
```

图 6-12　定义机器人的速度

## 6.4.10 机器人抓取红色工件程序

在"Python 示例程序"中，机器人抓取红色工件的程序如图 6-13 所示。

```
put_red_app = transl(97, -87, 95)*rotz(pi)*rotx(pi)       # 定义红色工件预放置点
put_red = transl(97, -87, 45)*rotz(pi)*rotx(pi)           # 定义红色工件放置点

# 工作站初始化函数
def init():
    red_part.setPose(transl(453, 70, 75))        # 红色工件位置初始化
    blue_part.setPose(transl(453, 18, 75))       # 蓝色工件位置初始化
    yellow_part.setPose(transl(453, -52, 75))    # 黄色工件位置初始化
    cover.setPose(transl(382, -48, 89))          # 端盖工件位置初始化

########## 开始仿真 ##########

init()                                            # 调用工作站初始化函数

robot.setPoseTool(tool)                           # 定义机器人工具坐标系
robot.setPoseFrame(reference_frame)               # 定义机器人工件坐标系

robot.setSpeed(20, 20, -1, -1)                    # 定义机器人速度

# 机器人抓取红色工件程序
robot.MoveJ(home)                 # 机器人移动到起始点
robot.MoveJ(pick_red_app)         # 机器人移动到红色工件预抓取点
robot.MoveL(pick_red)             # 机器人移动到红色工件抓取点
tool.AttachClosest()              # 机器人抓取工具附近的对象
pause(0.2)                        # 机器人等待0.2s
robot.MoveL(pick_red_app)         # 机器人返回到红色工件预抓取点
```

图 6-13　机器人抓取红色工件的程序

### 6.4.11 机器人放置红色工件程序

在"Python 示例程序"中，机器人放置红色工件的程序如图 6-14 所示。

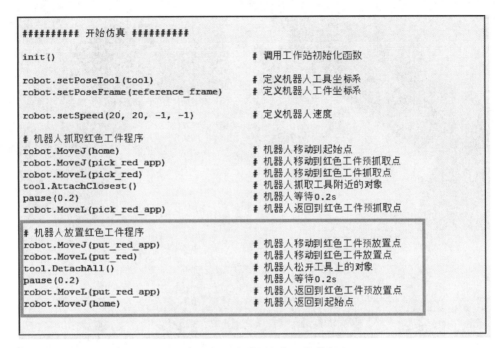

```
########## 开始仿真 ##########

init()                              # 调用工作站初始化函数

robot.setPoseTool(tool)            # 定义机器人工具坐标系
robot.setPoseFrame(reference_frame) # 定义机器人工件坐标系

robot.setSpeed(20, 20, -1, -1)     # 定义机器人速度

# 机器人抓取红色工件程序
robot.MoveJ(home)                  # 机器人移动到起始点
robot.MoveJ(pick_red_app)          # 机器人移动到红色工件预抓取点
robot.MoveL(pick_red)              # 机器人移动到红色工件抓取点
tool.AttachClosest()               # 机器人抓取工具附近的对象
pause(0.2)                         # 机器人等待0.2s
robot.MoveL(pick_red_app)          # 机器人返回到红色工件预抓取点

# 机器人放置红色工件程序
robot.MoveJ(put_red_app)           # 机器人移动到红色工件预放置点
robot.MoveL(put_red)               # 机器人移动到红色工件放置点
tool.DetachAll()                   # 机器人松开工具上的对象
pause(0.2)                         # 机器人等待0.2s
robot.MoveL(put_red_app)           # 机器人返回到红色工件预放置点
robot.MoveJ(home)                  # 机器人返回到起始点
```

图 6-14　机器人放置红色工件的程序

## 6.5　Python 仿真程序运行

Python 仿真程序的运行方法是：双击 Python 程序，运行程序，执行机器人应用仿真。本例中是选中"Python 示例程序"，双击运行，如图 6-15 ～图 6-17 所示。

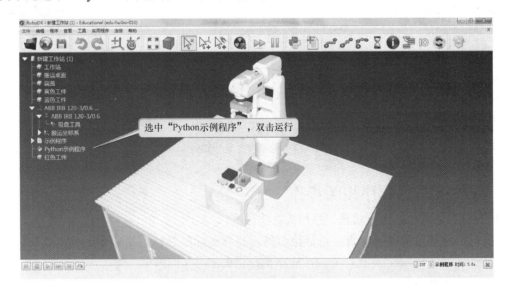

图 6-15　双击 Python 程序运行

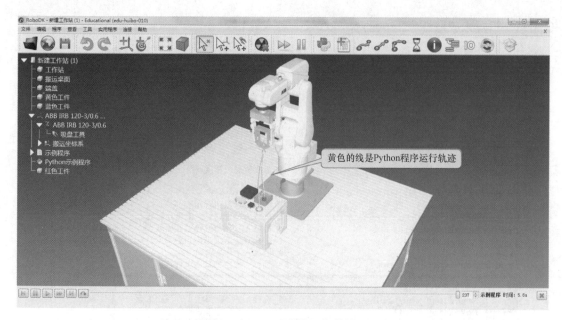

图 6-16    Python 程序运行轨迹

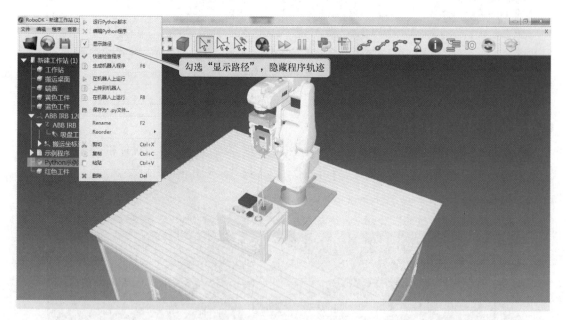

图 6-17    隐藏程序运行轨迹

## 6.6  Python 仿真程序相关操作

RoboDK 支持的 Python 仿真程序相关操作如下：

1）Python 程序的路径检查。路径检查的内容有：程序目标点是否超出机器人的运动范围，程序运行过程中是否存在奇异点，程序是否存在未定义的目标点等。

2）导出仿真动画（pdf 格式或 html 格式）。

3）生成相应机器人品牌的离线程序。

### 6.6.1 程序路径检查

Python 仿真程序路径检查的操作步骤为：选中"Python 示例程序"，单击鼠标右键，选择"快速检查程序"，如图 6-18 所示。如果 RoboDK 没有报错，说明 Python 程序没有问题。

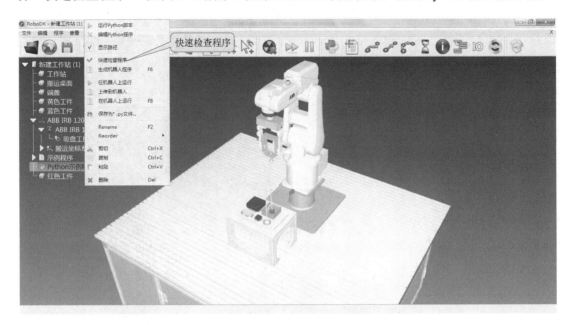

图 6-18 快速检查程序

### 6.6.2 导出仿真动画

以 Python 示例程序为例，导出 Python 程序仿真动画的步骤如下：

步骤 1：在命令栏中选择 图标，导出 Python 程序的仿真动画，如图 6-19 所示。

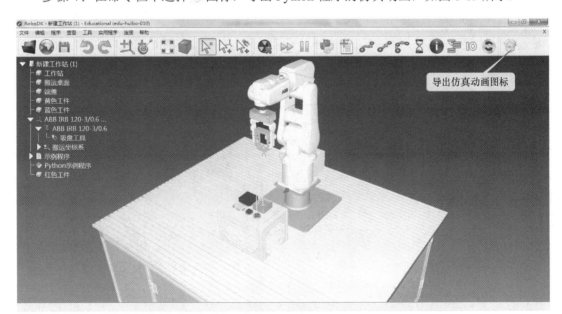

图 6-19 导出仿真动画

步骤 2：选择导出仿真动画的格式（pdf 或 html），导出程序选择"Python 示例程序"，单击"开始"按钮即可导出仿真动画，如图 6-20 所示。

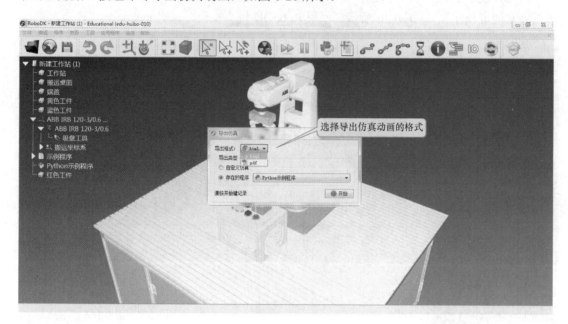

图 6-20　选择导出仿真动画的格式

### 6.6.3　导出机器人离线程序

以 Python 示例程序为例，导出机器人离线程序的步骤如下：

步骤 1：选中"Python 示例程序"，单击鼠标右键，选择"生成机器人程序"，导出离线程序，如图 6-21 所示。

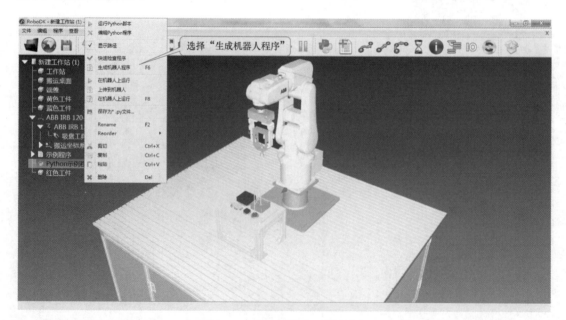

图 6-21　导出机器人离线程序

**步骤 2**：选择离线程序的保存路径，如图 5-58 所示。

**步骤 3**：导出的机器人离线程序如图 6-22 所示。注意：这里忽略中文对离线程序的影响。

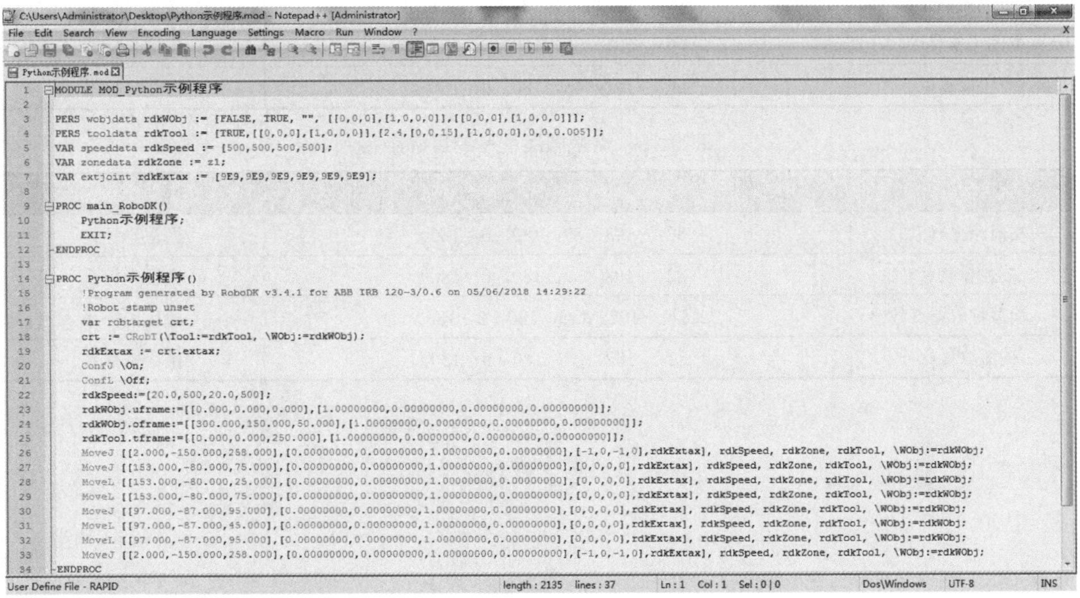

```
MODULE MOD_Python示例程序

PERS wobjdata rdkWObj := [FALSE, TRUE, "", [[0,0,0],[1,0,0,0]],[[0,0,0],[1,0,0,0]]];
PERS tooldata rdkTool := [TRUE,[[0,0,0],[1,0,0,0]],[2.4,[0,0,15],[1,0,0,0],0,0,0.005]];
VAR speeddata rdkSpeed := [500,500,500,500];
VAR zonedata rdkZone := z1;
VAR extjoint rdkExtax := [9E9,9E9,9E9,9E9,9E9,9E9];

PROC main_RoboDK()
    Python示例程序;
    EXIT;
ENDPROC

PROC Python示例程序()
    !Program generated by RoboDK v3.4.1 for ABB IRB 120-3/0.6 on 05/06/2018 14:29:22
    !Robot stamp unset
    var robtarget crt;
    crt := CRobT(\Tool:=rdkTool, \WObj:=rdkWObj);
    rdkExtax := crt.extax;
    ConfJ \On;
    ConfL \Off;
    rdkSpeed:=[20.0,500,20.0,500];
    rdkWObj.uframe:=[[0.000,0.000,0.000],[1.00000000,0.00000000,0.00000000,0.00000000]];
    rdkWObj.oframe:=[[300.000,150.000,50.000],[1.00000000,0.00000000,0.00000000,0.00000000]];
    rdkTool.tframe:=[[0.000,0.000,250.000],[1.00000000,0.00000000,0.00000000,0.00000000]];
    MoveJ [[2.000,-150.000,258.000],[0.00000000,0.00000000,1.00000000,0.00000000],[-1,0,-1,0],rdkExtax], rdkSpeed, rdkZone, rdkTool, \WObj:=rdkWObj;
    MoveJ [[153.000,-80.000,75.000],[0.00000000,0.00000000,1.00000000,0.00000000],[0,0,0,0],rdkExtax], rdkSpeed, rdkZone, rdkTool, \WObj:=rdkWObj;
    MoveL [[153.000,-80.000,25.000],[0.00000000,0.00000000,1.00000000,0.00000000],[0,0,0,0],rdkExtax], rdkSpeed, rdkZone, rdkTool, \WObj:=rdkWObj;
    MoveL [[153.000,-80.000,75.000],[0.00000000,0.00000000,1.00000000,0.00000000],[0,0,0,0],rdkExtax], rdkSpeed, rdkZone, rdkTool, \WObj:=rdkWObj;
    MoveJ [[97.000,-87.000,95.000],[0.00000000,0.00000000,1.00000000,0.00000000],[0,0,0,0],rdkExtax], rdkSpeed, rdkZone, rdkTool, \WObj:=rdkWObj;
    MoveL [[97.000,-87.000,45.000],[0.00000000,0.00000000,1.00000000,0.00000000],[0,0,0,0],rdkExtax], rdkSpeed, rdkZone, rdkTool, \WObj:=rdkWObj;
    MoveL [[97.000,-87.000,95.000],[0.00000000,0.00000000,1.00000000,0.00000000],[0,0,0,0],rdkExtax], rdkSpeed, rdkZone, rdkTool, \WObj:=rdkWObj;
    MoveJ [[2.000,-150.000,258.000],[0.00000000,0.00000000,1.00000000,0.00000000],[-1,0,-1,0],rdkExtax], rdkSpeed, rdkZone, rdkTool, \WObj:=rdkWObj;
ENDPROC
```

图 6-22　导出的机器人离线程序

## 6.7　学习总结与课后练习

### 6.7.1　学习总结

本章节主要介绍了基于 RoboDK API 的机器人仿真编程，详细介绍了基于 Python 的 RoboDK API 的常用函数，通过简单的机器人搬运应用仿真介绍了基于 RoboDK API 的机器人仿真编程方法，最后详细介绍了 Python 仿真程序的相关操作。

### 6.7.2　课后练习

课后练习：完成剩余的蓝色工件、黄色工件和端盖的 Python 仿真程序编写。Python 程序需要用到的目标点见表 6-17 ～表 6-19。

表 6-17　蓝色工件搬运程序的目标点

| 目标点 | 位置（X，Y，Z，RZ，RY，RX） | 工件坐标系 |
|---|---|---|
| 蓝色预抓取点 | （153，−132，75，180，0，180） | 搬运坐标系 |
| 蓝色抓取点 | （153，−132，25，180，0，180） | 搬运坐标系 |
| 蓝色预放置点 | （97，−118，95，180，0，180） | 搬运坐标系 |
| 蓝色放置点 | （97，−118，45，180，0，180） | 搬运坐标系 |

表 6-18　黄色工件搬运程序的目标点

| 目标点 | 位置（X, Y, Z, RZ, RY, RX） | 工件坐标系 |
|---|---|---|
| 黄色预抓取点 | （153，-201.5，75，180，0，180） | 搬运坐标系 |
| 黄色抓取点 | （153，-201.5，25，180，0，180） | 搬运坐标系 |
| 黄色预放置点 | （66，-101，95，180，0，180） | 搬运坐标系 |
| 黄色放置点 | （66，-101，45，180，0，180） | 搬运坐标系 |

表 6-19　端盖搬运程序的目标点

| 目标点 | 位置（X, Y, Z, RZ, RY, RX） | 工件坐标系 |
|---|---|---|
| 端盖预抓取点 | （82，-198，89，180，0，180） | 搬运坐标系 |
| 端盖抓取点 | （82，-198，39，180，0，180） | 搬运坐标系 |
| 端盖预放置点 | （82，-102，113，180，0，180） | 搬运坐标系 |
| 端盖放置点 | （82，-102，63，180，0，180） | 搬运坐标系 |

# 第7章
# 工业机器人复杂搬运仿真案例

## 7.1 学习目标

本章主要学习的知识点是：工业机器人复杂搬运的仿真编程。

## 7.2 任务描述

基于 RoboDK API 进行机器人仿真编程，使机器人将多个工件从码盘 1 搬运至码盘 2，如图 7-1 所示。

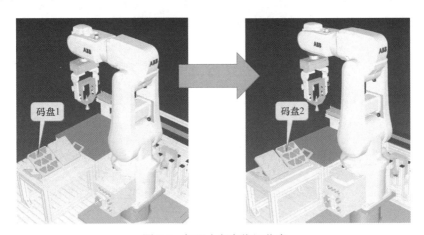

图 7-1　机器人复杂搬运仿真

## 7.3 知识储备

### 7.3.1 目标点的类型

RoboDK 中的机器人目标点分为两种：关节变量类型和直角坐标类型。关节变量类型的目标点代表机器人各个关节的角度值，直角坐标系类型的目标点代表机器人 TCP 点在工件坐标系下的值。RoboDK 中定义的目标点默认是直角坐标类型的目标点，如图 7-2 所示。

修改目标点的类型，如图 7-3 所示。

在 Python 中定义 RoboDK 目标点见表 7-1。

### 7.3.2 目标点偏移指令

目标点偏移指令主要用于在已定义的目标点的基础上沿指定方向偏移一定距离，获得新的目标点。目标点偏移指令只能用于基于 RoboDK API 的机器人仿真编程中，且目标点偏移指令只能用于直角坐标类型的目标点。目标点偏移指令见表 7-2。

目标点偏移指令的使用方法如图 7-4 所示。

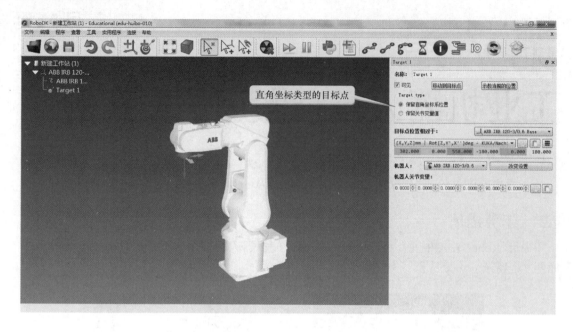

图 7-2　目标点默认类型为直角坐标类型

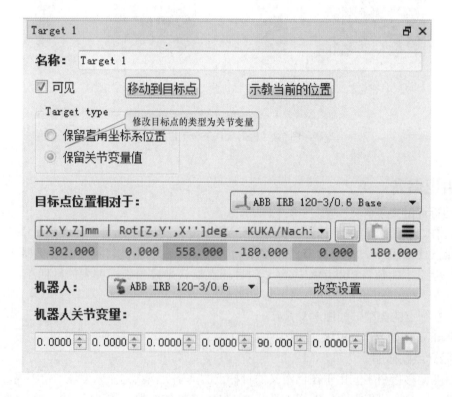

图 7-3　修改目标点的类型

表 7-1 在 Python 中定义 RoboDK 目标点

| 关节变量类型的目标点 | (0, 0, 0, 0, 90, 0) |
|---|---|
| 直角坐标类型的目标点 | p1 = transl（100, 200, 300）*rotz（pi）*roty（pi）*rotx（pi） |

表 7-2 目标点偏移指令

| 函数名 | transl（tx, ty, tz） |
|---|---|
| 参数 | tx：沿 X 方向的偏移<br>ty：沿 Y 方向的偏移<br>tz：沿 Z 方向的偏移 |
| 示例 | p2 = p1 * transl（100, 200, 300） |
| 说明 | p2 点是在 p1 点的基础上沿 p1 的 X、Y、Z 方向偏移 100、200、300 |
| 关键 | 注意目标点的方向 |

```
# Type help("robolink") or help("robodk") for more information
# Press F5 to run the script
# Documentation: https://robodk.com/doc/en/RoboDK-API.html
# Reference:      https://robodk.com/doc/en/PythonAPI/index.html
# Note: It is not required to keep a copy of this file, your python script is sa
from robolink import *     # RoboDK API
from robodk import *        # Robot toolbox
RDK = Robolink()

robot = RDK.Item('ABB IRB 120-3/0.6')        # 定义机器人

p1 = transl(302, 0, 500)*rotz(pi)*rotx(pi)    # 已定义的目标点p1

p2 = p1 * transl(0, 0, 100)                    # p2点在p1的基础上沿着p1的Z方向偏移100

robot.MoveJ(p1)                                # 机器人移动到p1

robot.MoveL(p2)                                # 机器人移动到p2
```

图 7-4 目标点偏移指令的使用方法

## 7.3.3 机器人搬运动作函数

本例中机器人将重复执行工件的搬运动作，通常情况下，机器人的搬运程序如图 7-5 所示。观察上述机器人搬运程序，可以发现以下现象：

1）机器人搬运动作具有一定的规律。

2）机器人搬运程序又多又乱，不便于程序的维护和修改。

所以，本例将采用函数的方式代替上述机器人搬运程序，用户只需要调用函数就可以方便快捷地实现机器人的搬运动作，如图 7-6 所示。

```
# 搬运工件1
robot.MoveJ(pick_part1*transl(0, 0, -50))      # 机器人移动到工件1的预抓取点
robot.MoveL(pick_part1)                         # 机器人移动到工件1的抓取点
tool.AttachClosest()                            # 机器人抓取工件
pause(0.2)                                      # 机器人等待0.2s
robot.MoveL(pick_part1*transl(0, 0, -50))       # 机器人返回到工件1的预抓取点

put = pick_part1*transl(0, 116, 0)             # 通过抓取点的偏移设置放置点
robot.MoveJ(put*transl(0, 0, -50))             # 机器人移动到工件1的预放置点
robot.MoveL(put)                                # 机器人移动到工件1的放置点
tool.DetachAll(frame2)                          # 机器人将工件放到frame2坐标系下
robot.MoveL(put*transl(0, 0, -50))             # 机器人返回到工件1的预放置点

# 搬运工件2
robot.MoveJ(pick_part2*transl(0, 0, -50))      # 机器人移动到工件2的预抓取点
robot.MoveL(pick_part2)                         # 机器人移动到工件2的抓取点
tool.AttachClosest()                            # 机器人抓取工件
pause(0.2)                                      # 机器人等待0.2s
robot.MoveL(pick_part2*transl(0, 0, -50))       # 机器人返回到工件2的预抓取点

put = pick_part2*transl(0, 116, 0)             # 通过抓取点的偏移设置放置点
robot.MoveJ(put*transl(0, 0, -50))             # 机器人移动到工件2的预放置点
robot.MoveL(put)                                # 机器人移动到工件2的放置点
tool.DetachAll(frame2)                          # 机器人将工件放到frame2坐标系下
robot.MoveL(put*transl(0, 0, -50))             # 机器人返回到工件2的预放置点
```

图 7-5　机器人的搬运程序

```
def pick_and_put(pick):
    robot.MoveJ(pick*transl(0, 0, -50))         # 机器人移动到预抓取点
    robot.MoveL(pick)                           # 机器人移动到抓取点
    tool.AttachClosest()                        # 机器人抓取工件
    pause(0.2)                                   # 机器人等待0.2s
    robot.MoveL(pick*transl(0, 0, -50))         # 机器人返回到预抓取点

    put = pick*transl(0, 116, 0)               # 通过抓取点的偏移设置放置点
    robot.MoveJ(put*transl(0, 0, -50))         # 机器人移动到预放置点
    robot.MoveL(put)                            # 机器人移动到放置点
    tool.DetachAll(frame2)                      # 机器人将工件放到frame2坐标系下
    robot.MoveL(put*transl(0, 0, -50))         # 机器人返回到预放置点


# 机器人复杂搬运仿真程序
pick_and_put(pick_part1)                        # 机器人搬运工件1
pick_and_put(pick_part2)                        # 机器人搬运工件2
pick_and_put(pick_part3)                        # 机器人搬运工件3
pick_and_put(pick_part4)                        # 机器人搬运工件4
pick_and_put(pick_part5)                        # 机器人搬运工件5
pick_and_put(pick_part6)                        # 机器人搬运工件6
pick_and_put(pick_part7)                        # 机器人搬运工件7
pick_and_put(pick_part8)                        # 机器人搬运工件8
pick_and_put(pick_part9)                        # 机器人搬运工件9
```

图 7-6　采用函数方式的机器人搬运程序

## 7.4　构建机器人复杂搬运工作站

　　工业机器人复杂搬运工作站如图 7-7 所示。本节涉及的工作站模型、机器人模型和工具模型等都在本书配套的工作站模型库中提供。

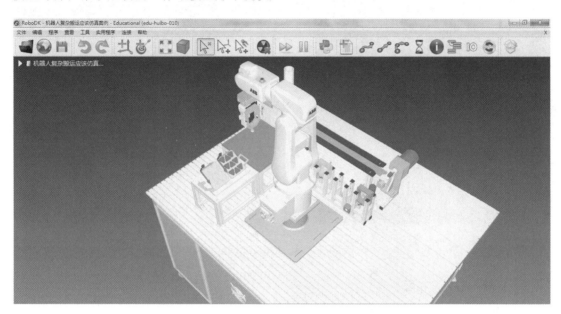

图 7-7　工业机器人复杂搬运工作站

### 7.4.1　模型导入及布局

　　导入复杂搬运工作站和码盘模型，并布局，如图 7-8、图 7-9 所示。

图 7-8　复杂搬运工作站和码盘模型文件

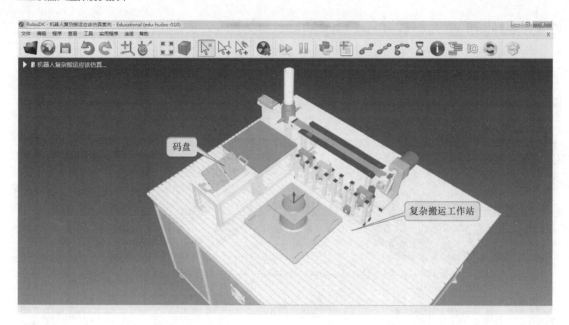

图 7-9 导入模型及布局

## 7.4.2 机器人导入及布局

导入机器人模型 ABB IRB 120-3/0.6，如图 7-10 所示。

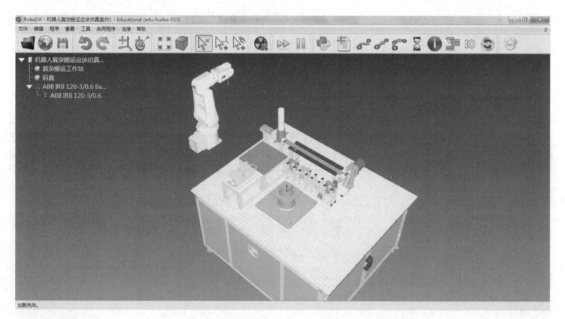

图 7-10 导入机器人模型

修改机器人基坐标系为（0，0，0，0，0，0），将机器人安装到机器人底座上，如图 7-11 所示。

## 7.4.3 工具模型导入

导入工具模型，如图 7-12、图 7-13 所示。本例所采用的工具模型为吸盘工具。

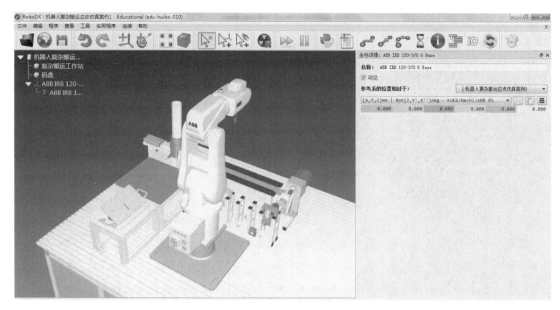

图 7-11　机器人布局

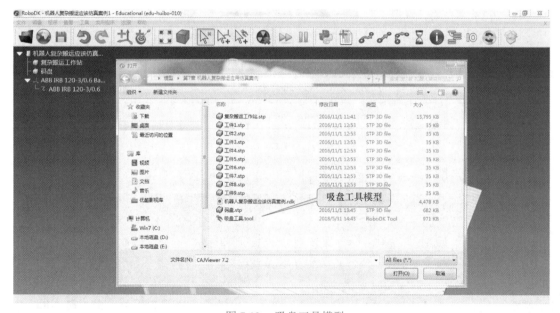

图 7-12　吸盘工具模型

### 7.4.4　创建工件坐标系

因为本例的机器人搬运应用是将工件从码盘 1 搬运至码盘 2，所以这里将创建两个工件坐标系。工件坐标系的名称、坐标系值和参考坐标系见表 7-3。

工件坐标系 frame1 和 frame2 如图 7-14 所示。

### 7.4.5　工件导入及布局

导入工件 1～工件 9，共九个工件，工件布局见表 7-4 和图 7-15。工件的父对象是 frame1。

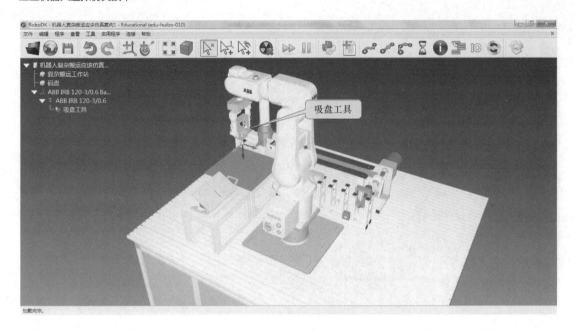

图 7-13　吸盘工具模型导入

表 7-3　工件坐标系的参数

| 名称 | 坐标系值（X，Y，Z，RZ，RY，RX） | 参考坐标系 |
|---|---|---|
| frame1 | （−278，420，140，−90，30，0） | 机器人基坐标系 |
| frame2 | （−161，420，140，−90，30，0） | 机器人基坐标系 |

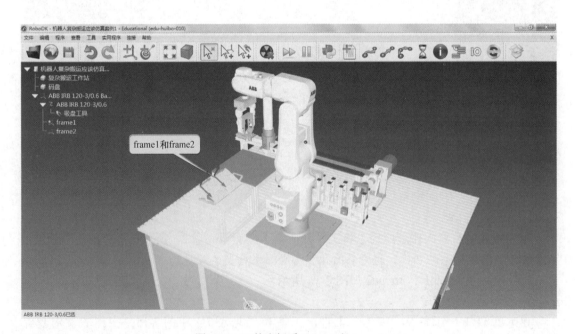

图 7-14　工件坐标系 frame1 和 frame2

表 7-4　工件布局

| 名称 | 布局（X，Y，Z，RX，RY，RZ） | 父对象 |
| --- | --- | --- |
| 工件 1 | （16.5，23，3，0，0，0） | frame1 |
| 工件 2 | （25，53，3，0，0，0） | frame1 |
| 工件 3 | （16.5，83，3，0，0，0） | frame1 |
| 工件 4 | （58.5，23，3，0，0，0） | frame1 |
| 工件 5 | （67，53，3，0，0，0） | frame1 |
| 工件 6 | （58.5，83，3，0，0，0） | frame1 |
| 工件 7 | （100.5，23，3，0，0，0） | frame1 |
| 工件 8 | （109，53，3，0，0，0） | frame1 |
| 工件 9 | （100.5，83，3，0，0，0） | frame1 |

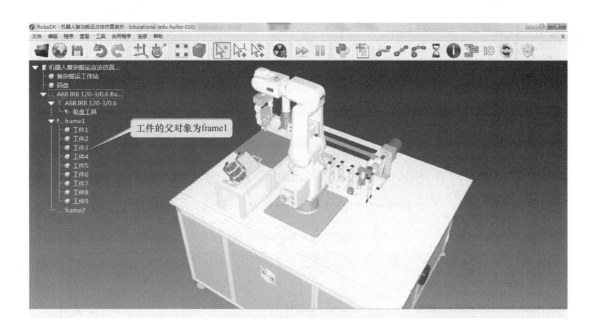

图 7-15　导入工件并布局

## 7.5　机器人复杂搬运仿真编程

### 7.5.1　创建 Python 仿真程序

创建 Python 仿真程序，名称为"复杂搬运仿真程序"，如图 7-16 所示。

### 7.5.2　加载 RoboDK API 模块

打开并编辑"复杂搬运仿真程序"，加载 RoboDK API 模块，如图 7-17 所示。

### 7.5.3　定义工作站中的对象

在"复杂搬运仿真程序"中定义工作站中的对象，如图 7-18 所示。

### 7.5.4　定义目标点

在"复杂搬运仿真程序"中定义目标点，如图 7-19 所示。

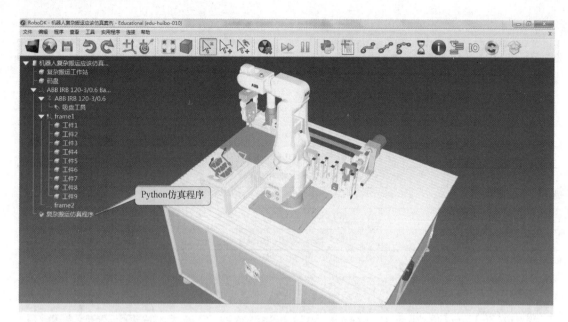

图 7-16　创建 Python 仿真程序

```
# 内容：工业机器人复杂搬运应用仿真程序
# 时间：2018/6/7
# RoboDK Version: 3.4.1

from robodk import *          # 加载robodk模块
from robolink import *        # 加载robolink模块

RDK = Robolink()
```

图 7-17　加载 RoboDK API 模块

```
# 内容：工业机器人复杂搬运应用仿真程序
# 时间：2018/6/7
# RoboDK Version: 3.4.1

from robodk import *          # 加载robodk模块
from robolink import *        # 加载robolink模块

RDK = Robolink()

# 定义工作站中的对象
robot = RDK.Item('ABB IRB 120-3/0.6')      # 定义机器人
frame1 = RDK.Item('frame1')                # 定义工件坐标系frame1
frame2 = RDK.Item('frame2')                # 定义工件坐标系frame2
tool = RDK.Item('吸盘工具')                # 定义工具
part1 = RDK.Item('工件1')                  # 定义工件1
part2 = RDK.Item('工件2')                  # 定义工件2
part3 = RDK.Item('工件3')                  # 定义工件3
part4 = RDK.Item('工件4')                  # 定义工件4
part5 = RDK.Item('工件5')                  # 定义工件5
part6 = RDK.Item('工件6')                  # 定义工件6
part7 = RDK.Item('工件7')                  # 定义工件7
part8 = RDK.Item('工件8')                  # 定义工件8
part9 = RDK.Item('工件9')                  # 定义工件9
```

图 7-18　定义工作站中的对象

```
part3 = RDK.Item('工件3')                    # 定义工件3
part4 = RDK.Item('工件4')                    # 定义工件4
part5 = RDK.Item('工件5')                    # 定义工件5
part6 = RDK.Item('工件6')                    # 定义工件6
part7 = RDK.Item('工件7')                    # 定义工件7
part8 = RDK.Item('工件8')                    # 定义工件8
part9 = RDK.Item('工件9')                    # 定义工件9

# 定义目标点
home = [90, 0, 0, 0, 90, 0]                  # 定义起始点，类型为关节变量
pick_part1 = transl(16.5, 23, 3)*roty(pi)    # 定义工件1的抓取点
pick_part2 = transl(25, 53, 3)*roty(pi)      # 定义工件2的抓取点
pick_part3 = transl(16.5, 83, 3)*roty(pi)    # 定义工件3的抓取点
pick_part4 = pick_part1*transl(-42, 0, 0)    # 定义工件4的抓取点
pick_part5 = pick_part2*transl(-42, 0, 0)    # 定义工件5的抓取点
pick_part6 = pick_part3*transl(-42, 0, 0)    # 定义工件6的抓取点
pick_part7 = pick_part1*transl(-84, 0, 0)    # 定义工件7的抓取点
pick_part8 = pick_part2*transl(-84, 0, 0)    # 定义工件8的抓取点
pick_part9 = pick_part3*transl(-84, 0, 0)    # 定义工件9的抓取点
```

图 7-19　定义目标点

### 7.5.5　定义工作站初始化函数

在"复杂搬运仿真程序"中定义工作站初始化函数，如图 7-20 所示。

```
# 定义工作站初始化函数
def reset_station():
    RDK.Render(False)                         # 停止刷新工作站显示
    part1.setParentStatic(frame1)             # 设置工件1的参照对象：frame1
    part1.setPose(transl(16.5, 23, 3))        # 设置工件1在frame1中的位置

    part2.setParentStatic(frame1)             # 设置工件2的参照对象：frame1
    part2.setPose(transl(25, 53, 3)*rotz(pi)) # 设置工件2在frame1中的位置

    part3.setParentStatic(frame1)             # 设置工件3的参照对象：frame1
    part3.setPose(transl(16.5, 83, 3))        # 设置工件3在frame1中的位置

    part4.setParentStatic(frame1)             # 设置工件4的参照对象：frame1
    part4.setPose(transl(58.5, 23, 3))        # 设置工件4在frame1中的位置

    part5.setParentStatic(frame1)             # 设置工件5的参照对象：frame1
    part5.setPose(transl(67, 53, 3)*rotz(pi)) # 设置工件5在frame1中的位置

    part6.setParentStatic(frame1)             # 设置工件6的参照对象：frame1
    part6.setPose(transl(58.5, 83, 3))        # 设置工件6在frame1中的位置

    part7.setParentStatic(frame1)             # 设置工件7的参照对象：frame1
    part7.setPose(transl(100.5, 23, 3))       # 设置工件7在frame1中的位置

    part8.setParentStatic(frame1)             # 设置工件8的参照对象：frame1
    part8.setPose(transl(109, 53, 3)*rotz(pi))# 设置工件8在frame1中的位置

    part9.setParentStatic(frame1)             # 设置工件9的参照对象：frame1
    part9.setPose(transl(100.5, 83, 3))       # 设置工件9在frame1中的位置

    RDK.Render(True)                          # 恢复刷新工作站显示
```

图 7-20　定义工作站初始化函数

### 7.5.6 定义机器人搬运动作函数

在"复杂搬运仿真程序"中定义机器人搬运动作函数，如图 7-21 所示。

```
def pick_and_put(pick):
    robot.MoveJ(pick*transl(0, 0, -50))      # 机器人移动到预抓取点
    robot.MoveL(pick)                         # 机器人移动到抓取点
    tool.AttachClosest()                      # 机器人抓取工件
    pause(0.2)                                # 机器人等待0.2s
    robot.MoveL(pick*transl(0, 0, -50))      # 机器人返回到预抓取点

    put = pick*transl(0, 116, 0)              # 通过抓取点的偏移设置放置点
    robot.MoveJ(put*transl(0, 0, -50))       # 机器人移动到预放置点
    robot.MoveL(put)                          # 机器人移动到放置点
    tool.DetachAll(frame2)                    # 机器人将工件放到frame2坐标系下
    robot.MoveL(put*transl(0, 0, -50))       # 机器人返回到预放置点
```

图 7-21　定义机器人搬运动作函数

### 7.5.7 编制仿真主程序

编制"复杂搬运仿真程序"的仿真主程序，如图 7-22 所示。

```
############ 仿真主程序 ##############

reset_station()                  # 工作站初始化

# 机器人初始化
robot.setPoseTool(tool)          # 设置机器人工具坐标系
robot.setPoseFrame(frame1)       # 设置机器人工件坐标系
robot.setSpeed(20, 20)           # 设置机器人速度
robot.MoveJ(home)                # 机器人移动起始点

# 机器人复杂搬运仿真程序
pick_and_put(pick_part1)         # 机器人搬运工件1
pick_and_put(pick_part2)         # 机器人搬运工件2
pick_and_put(pick_part3)         # 机器人搬运工件3
pick_and_put(pick_part4)         # 机器人搬运工件4
pick_and_put(pick_part5)         # 机器人搬运工件5
pick_and_put(pick_part6)         # 机器人搬运工件6
pick_and_put(pick_part7)         # 机器人搬运工件7
pick_and_put(pick_part8)         # 机器人搬运工件8
pick_and_put(pick_part9)         # 机器人搬运工件9

# 机器人返回起始点
robot.MoveJ(home)                # 机器人返回起始点
```

图 7-22　仿真主程序

## 7.6　学习总结与课后练习

### 7.6.1 学习总结

本章主要介绍了目标点的类型、目标点偏移指令和机器人搬运动作函数，最后介绍了工业机器人复杂搬运的仿真编程。

### 7.6.2 课后练习

1）基于本章案例，完成机器人复杂搬运工作站的构建。

2）基于本章案例，完成机器人复杂搬运的仿真编程。

# 第8章
# 工业机器人传送带码垛仿真案例

## 8.1 学习目标

本章主要学习的知识点是：工业机器人传送带码垛的仿真编程。

## 8.2 任务描述

通过传送带将红色、蓝色和黄色工件输送至传送带末端，传感器检测到工件后，工业机器人抓取工件，然后将相同颜色的工件进行码垛，如图 8-1 所示。

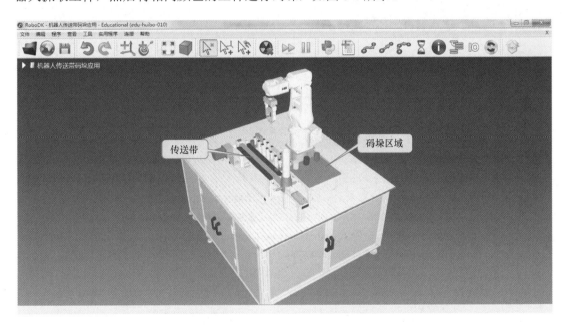

图 8-1 工业机器人传送带码垛仿真

## 8.3 知识储备

### 8.3.1 工作站参数

RoboDK 工作站参数主要用于各个程序之间共享数据。工作站参数如图8-2、图8-3所示。

在 Python API 中创建及设置工作站参数的函数见表 8-1。

在 Python API 中获取工作站参数值的函数见表 8-2。

### 8.3.2 Program 程序调用 Python 程序

在 Program 程序中调用 Python 程序的步骤如下：

**步骤 1：** 假设存在 RoboDK 工作站，工作站中存在主程序、程序 1、程序 2、程序 3，如图 8-4 所示。主程序将调用 Python 程序 1、程序 2、程序 3。

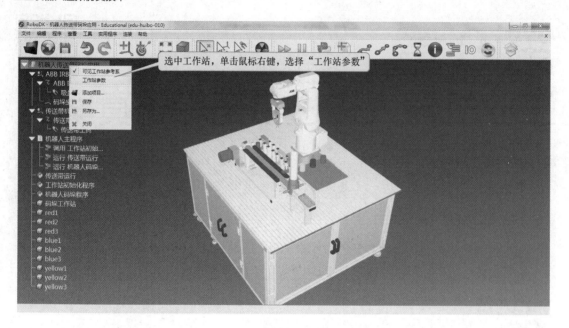

图 8-2 选择"工作站参数"命令

图 8-3 工作站参数

表 8-1　创建及设置工作站参数

| 函数 | setParam（param，value） |
| --- | --- |
| 参数 | param（字符串类型）：参数名称<br>value：参数的值 |
| 功能 | 创建及设置工作站参数 |
| 示例 | RDK = Robolink（）<br>RDK.setParam（'机器人数量'，4） |

表 8-2　获取工作站参数的值

| 函数 | getParam（param = 'PATH_OPENSTATION'） |
| --- | --- |
| 参数 | param：参数名称（默认值是 PATH_OPENSTATION） |
| 功能 | 获取工作站参数的值 |
| 示例 | RDK = Robolink（）<br>RDK.getParam（'机器人数量'） |

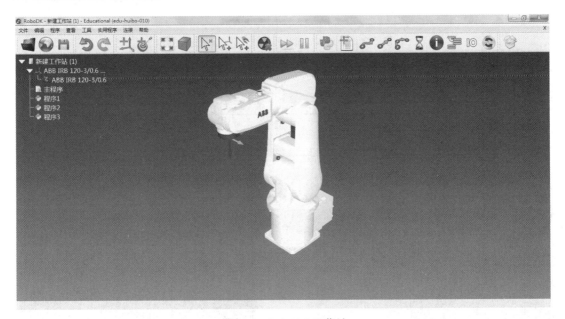

图 8-4　RoboDK 工作站

步骤 2：选中"主程序"，添加指令"Program Call Instruction"后，系统弹出如图 8-5 所示的对话框。Program call 共有四种形式：Program Call、Insert code、Start Thread 和 Insert Comment，四种调用形式的区别见表 8-3。

步骤 3：采用"Program Call"，通过"Select Program"选择工作站中的 Python 程序 1，如图 8-6 所示。

步骤 4：采用"Start Thread"，通过"Select Program"选择工作站中的 Python 程序 2 和程序 3，如图 8-7 所示。

图 8-5　Program call

表 8-3　Program call 四种调用形式的区别

| 调用形式 | 区　别 |
| --- | --- |
| Program Call | 调用程序执行结束，再执行下面的程序 |
| Insert Code | 插入程序代码，无具体功能 |
| Start Thread | 调用程序和下面的程序同步开始执行 |
| Insert Comment | 插入注释，无具体功能 |

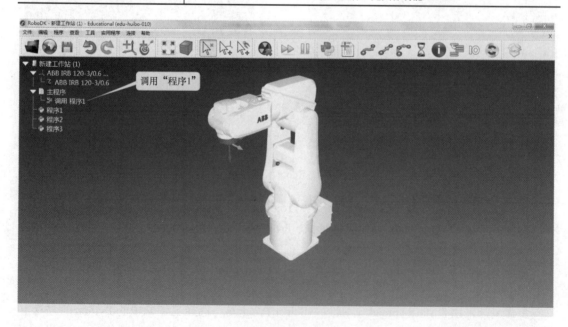

图 8-6　调用程序 1

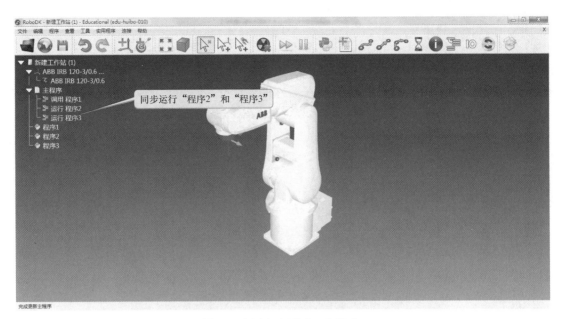

图 8-7  同步运行程序 2 和程序 3

## 8.4  构建机器人传送带码垛工作站

### 8.4.1  工作站模型导入

导入机器人传送带码垛工作站模型，如图 8-8 所示。

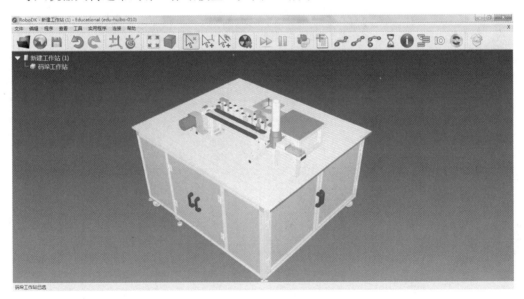

图 8-8  导入工作站模型

### 8.4.2  机器人导入及布局

导入机器人，并将机器人安装到底座上，如图 8-9 所示。本案例中的机器人型号为 ABB IRB 120-3/0.6。

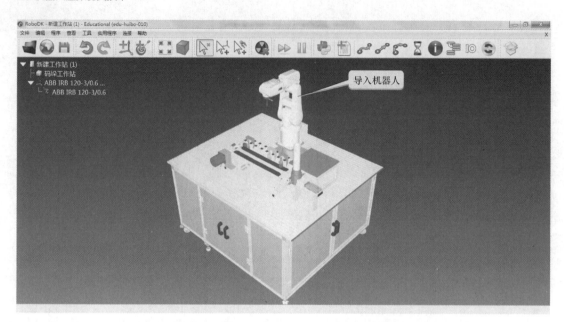

图 8-9　机器人导入及布局

### 8.4.3　传送带机构导入及布局

传送带机构导入及布局如图 8-10 所示。传送带基座设置为（460，410，45，0，0，0）。

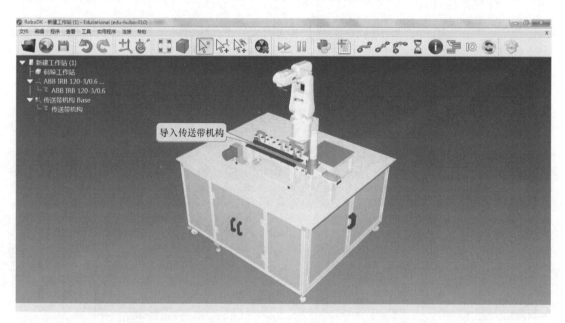

图 8-10　传送带机构导入及布局

### 8.4.4　工具模型导入及布局

导入机器人工具模型"吸盘工具"，并安装到机器人上，如图 8-11 所示。

导入传送带工具模型"传送带工具"，并安装到传送带机构上，如图 8-12 所示。

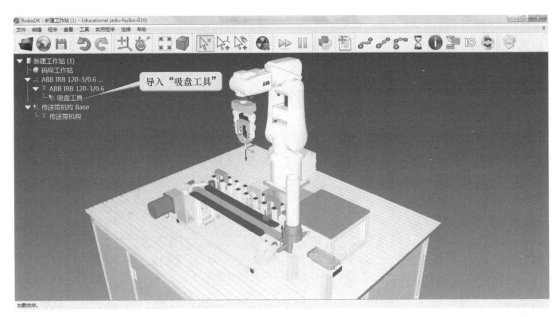

图 8-11　导入机器人工具

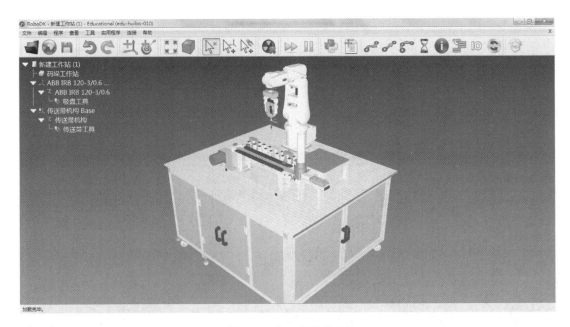

图 8-12　导入传送带工具

## 8.4.5　创建并设置工件坐标系

创建工件坐标系，命名为"码垛坐标系"，坐标系值见表 8-4。

表 8-4　码垛坐标系的值

| 名　　称 | 坐标系值（X，Y，Z，RZ，RY，RX） | 参考坐标系 |
|---|---|---|
| 码垛坐标系 | （-7，258，50，0，0，0） | 机器人基坐标系 |

码垛坐标系如图 8-13 所示。

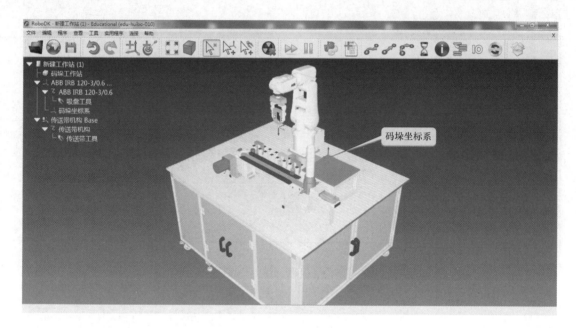

图 8-13    创建并设置码垛坐标系

### 8.4.6    工件导入及布局

导入红色工件 1～3、蓝色工件 1～3、黄色工件 1～3 共 9 个工件，位置都设为（457.5，474.4，45，0，0，0），如图 8-14 所示。

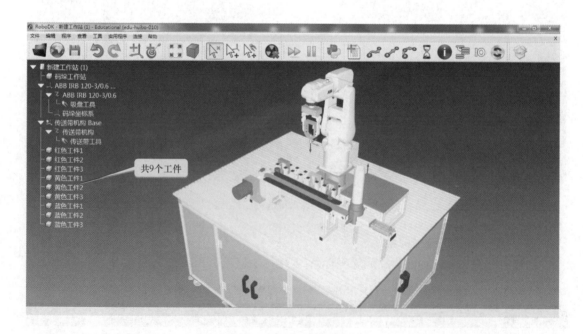

图 8-14    工件导入及布局

## 8.5 机器人传送带码垛仿真编程

### 8.5.1 机器人传送带码垛工作流程

机器人传送带码垛的工作流程图如图 8-15 所示。

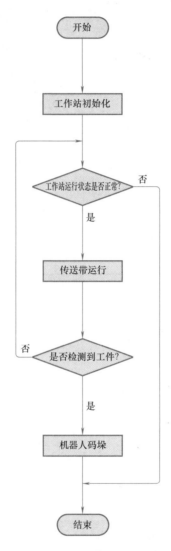

图 8-15 机器人传送带码垛工作流程图

### 8.5.2 工作站初始化程序

新建 Python 程序，命名为"工作站初始化程序"，如图 8-16 所示。

工作站初始化程序内容如图 8-17 所示。

### 8.5.3 传送带运行程序

新建 Python 程序，命名为"传送带运行程序"，如图 8-18、图 8-19 所示。

### 8.5.4 机器人码垛程序

新建 Python 程序，命名为"机器人码垛程序"，如图 8-20、图 8-21 所示。

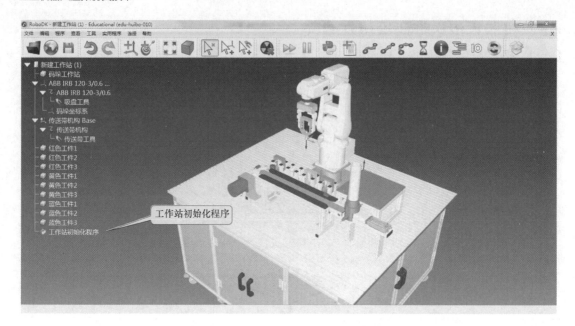

图 8-16　工作站初始化程序

```
# 内容：工作站初始化程序
# 时间：2018/6/20
# RoboDK Version: 3.4.1

from robolink import *                                          # 加载robolink模块
from robodk import *                                            # 加载robodk模块

RDK = Robolink()

# 定义工作站中的对象
station = RDK.Item('', ITEM_TYPE_STATION)                       # 定义工作站
robot = RDK.Item('ABB IRB 120-3/0.6')                           # 定义机器人
conveyor = RDK.Item('传送带机构')                               # 定义传送带机构

########## 工作站初始化 ############

RDK.Render(False)                                               # 停止刷新工作站

robot.setJoints([0, 0, 0, 0, 90, 0])                           # 机器人设置初始位置
conveyor.setJoints([0])                                         # 传送带设置初始位置

for i in range(1,4):
    RDK.Item('红色工件'+str(i)).setParentStatic(station)        # 设置工件的参照对象
    RDK.Item('红色工件'+str(i)).setPose(transl(457.5, 474.4, 45))   # 设置工件的位置

for i in range(1,4):
    RDK.Item('蓝色工件'+str(i)).setParentStatic(station)        # 设置工件的参照对象
    RDK.Item('蓝色工件'+str(i)).setPose(transl(457.5, 474.4, 45))   # 设置工件的位置

for i in range(1,4):
    RDK.Item('黄色工件'+str(i)).setParentStatic(station)        # 设置工件的参照对象
    RDK.Item('黄色工件'+str(i)).setPose(transl(457.5, 474.4, 45))   # 设置工件的位置

RDK.setParam('检测到工件', 'OFF')                               # 设置工作站参数：检测到工件

RDK.Render(True)                                                # 开始刷新工作站

RDK.setParam('工作站运行', 'ON')                                # 设置工作站参数：工作站运行
```

图 8-17　工作站初始化程序内容

```
# 内容：传送带运行程序
# 时间：2018/6/20
# RoboDK Version: 3.4.1

from robolink import *                      # 加载robolink模块
from robodk import *                        # 加载robodk模块

RDK = Robolink()

# 定义工作站中的对象
conveyor = RDK.Item('传送带机构')            # 定义传送带机构
conveyor_tool = RDK.Item('传送带工具')       # 定义传送带工具
red1 = RDK.Item('红色工件1')                 # 定义红色工件1
red2 = RDK.Item('红色工件2')                 # 定义红色工件2
red3 = RDK.Item('红色工件3')                 # 定义红色工件3
blue1 = RDK.Item('蓝色工件1')                # 定义蓝色工件1
blue2 = RDK.Item('蓝色工件2')                # 定义蓝色工件2
blue3 = RDK.Item('蓝色工件3')                # 定义蓝色工件3
yellow1 = RDK.Item('黄色工件1')              # 定义黄色工件1
yellow2 = RDK.Item('黄色工件2')              # 定义黄色工件2
yellow3 = RDK.Item('黄色工件3')              # 定义黄色工件3

# 定义变量
count = 0                                   # 定义工件数量变量
parts = []                                  # 定义一个空列表
parts.append(red1)                          # 列表中添加红色工件1
parts.append(red2)                          # 列表中添加红色工件2
parts.append(red3)                          # 列表中添加红色工件3
parts.append(blue1)                         # 列表中添加蓝色工件1
parts.append(blue2)                         # 列表中添加蓝色工件2
parts.append(blue3)                         # 列表中添加蓝色工件3
parts.append(yellow1)                       # 列表中添加黄色工件1
parts.append(yellow2)                       # 列表中添加黄色工件2
parts.append(yellow3)                       # 列表中添加黄色工件3
```

图 8-18　传送带运行程序 1

```
# 定义函数is_station_run，功能：检查工作站是否运行
def is_station_run():
    if RDK.getParam('工作站运行') == 'ON':    # 获取参数"工作站"的值
        return True                          # 返回True
    else:
        return False                         # 返回False

############# 主程序 #############

while is_station_run():                      # 当工作站运行时一直循环

    for i in range(0, 9):                    # FOR循环九次：
        parts[i].setPose(transl(457.5, 404.4, 45))   # 设置工件的位置
        parts[i].setParentStatic(conveyor_tool)      # 工件放到传送带上

        conveyor.MoveJ([(i+1)*645])          # 传送带输送工件
        conveyor_tool.DetachAll()            # 传送带释放工件

        RDK.setParam('检测到工件', 'ON')       # 设置工作站参数：检测到工件

    RDK.setParam('工作站运行', 'OFF')          # 设置工作站参数：工作站运行
```

图 8-19　传送带运行程序 2

```
# 内容：机器人码垛程序
# 时间：2018/6/20
# RoboDK Version: 3.4.1

# 加载模块
from robolink import *                                          # 加载robolink模块
from robodk import *                                            # 加载robodk模块


RDK = Robolink()

# 定义工作站中的对象
station = RDK.Item('', ITEM_TYPE_STATION)                       # 定义工作站对象
robot = RDK.Item('ABB IRB 120-3/0.6')                          # 定义机器人对象
robot_base = robot.Parent()                                     # 定义机器人基坐标系
robot_tool = RDK.Item('吸盘工具')                               # 定义机器人吸盘工具
palletize_frame = RDK.Item('码垛坐标系')                        # 定义码垛坐标系

# 定义机器人目标点
pick_pose_approach = transl(457.5, -240, 95)*rotz(pi)*rotx(pi)  # 定义工件预抓取点
pick_pose = transl(457.5, -240, 65)*rotz(pi)*rotx(pi)          # 定义工件的抓取点
red_putpose = transl(52.5, 52.5, 20)*rotz(pi)*rotx(pi)        # 定义红色工件的放置点
blue_putpose = transl(158.5, 52.5, 20)*rotz(pi)*rotx(pi)      # 定义蓝色工件的放置点
yellow_putpose = transl(264.5, 52.5, 20)*rotz(pi)*rotx(pi)    # 定义黄色工件的放置点


# 定义变量
count = 0
```

图 8-20　机器人码垛程序 1

```
# 判断工作站是否正在运行的函数
def is_station_run():
    if RDK.getParam('工作站运行') == 'ON':                    # 判断参数"工作站运行"的值是否等于"ON"
        return True                                            # 返回True
    else:                                                      # 否则
        return False                                           # 返回False

# 机器人码垛程序
def robot_palletize(count):
    if count < 3:                                              # 如果count值小于3
        put_pose = red_putpose*transl(0, 0, -count*20)        # 设置工件的放置位置
    elif count < 6:                                            # 如果count值小于6
        put_pose = blue_putpose*transl(0, 0, -(count-3)*20)   # 设置工件的放置位置
    elif count < 9:                                            # 如果count值小于9
        put_pose = yellow_putpose*transl(0, 0, -(count-6)*20) # 设置工件的放置位置

    robot.MoveL(pick_pose)                                     # 机器人移动到工件抓取点
    robot_tool.AttachClosest()                                 # 机器人抓取工件
    robot.MoveL(pick_pose_approach)                            # 机器人返回到工件抓取点上方
    robot.setPoseFrame(palletize_frame)                        # 机器人设置工件坐标系：码垛坐标系
    robot.MoveJ(put_pose*transl(0, 0, -50))                   # 机器人移动到工件放置点上方
    robot.MoveL(put_pose)                                      # 机器人移动到工件放置点
    pause(0.5)                                                 # 机器人等待0.5s
    robot_tool.DetachAll()                                     # 机器人松开工件
    robot.MoveL(put_pose*transl(0, 0, -50))                   # 机器人移动到工件放置点上方
    robot.setPoseFrame(robot_base)                             # 机器人设置工件坐标系：机器人基坐标系
    robot.MoveJ(pick_pose_approach)                            # 机器人返回到工件抓取点上方

############# 码垛主程序 ####################
robot.setSpeed(100, 100)                                       # 设置机器人速度
robot.setPoseTool(robot_tool)                                  # 设置机器人工具坐标系：吸盘工具
robot.setPoseFrame(robot_base)                                 # 设置机器人工件坐标系：机器人基坐标系
robot.MoveJ(pick_pose_approach)                                # 机器人移动到工件抓取点上方

while is_station_run():
    if RDK.getParam('检测到工件') == 'ON':                    # 判断参数"检测到工件"是否等于"ON"
        RDK.setParam('检测到工件', 'OFF')                      # 设置参数"检测到工件"等于"OFF"
        robot_palletize(count)                                 # 执行机器人码垛程序
        count += 1                                             # 变量count加1
robot.MoveJ([0, 0, 0, 0, 90, 0])                              # 机器人返回初始位置
```

图 8-21　机器人码垛程序 2

### 8.5.5 机器人主程序

新建 Program 程序，命名为"机器人主程序"，机器人主程序如图 8-22 所示。

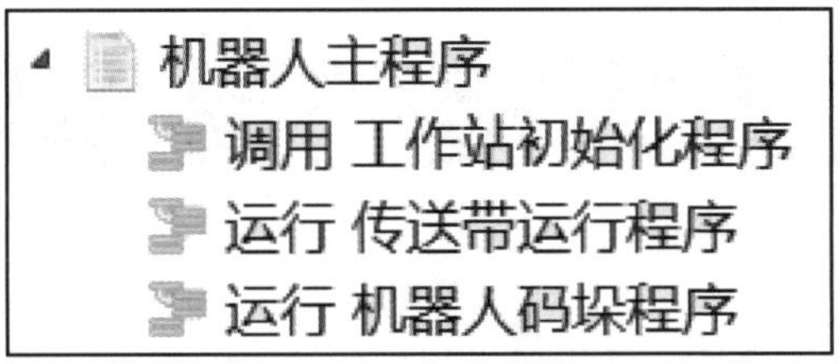

图 8-22 机器人主程序

## 8.6 学习总结与课后练习

### 8.6.1 学习总结

本章主要介绍了工作站参数的创建及设置、Program 程序调用 Python 程序的方法，最后介绍了工业机器人传送带码垛的仿真编程。

### 8.6.2 课后练习

1）基于本章案例，完成机器人传送带码垛工作站的构建。

2）基于本章案例，完成机器人传送带码垛的仿真编程。

# 第9章
# 工业机器人焊接仿真案例

## 9.1　学习目标

本章主要学习的知识点是：工业机器人焊接的仿真编程。

## 9.2　任务描述

完成工业机器人焊接工作站的仿真编程。工业机器人焊接工作站如图9-1所示。本案例涉及的工作站模型、机器人模型、焊枪模型、焊接工件及焊接轨迹G代码都在本书配套的模型库中提供。

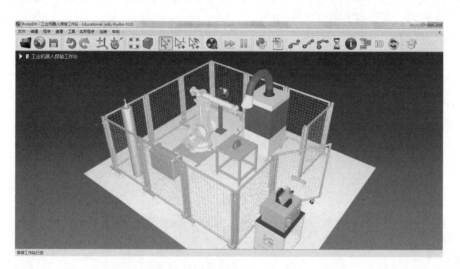

图 9-1　工业机器人焊接工作站

焊接工件如图9-2所示。

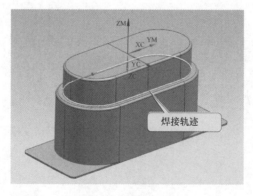

图 9-2　焊接工件

## 9.3　知识储备

### 9.3.1　机器人焊接工作站的组成

机器人焊接工作站由焊接机器人、焊机与送丝机、焊枪与清枪装置、保护气体设备、工作台与工装夹具、安全系统（围栏、光栅、安全门）和排烟系统组成，如图 9-3 所示。

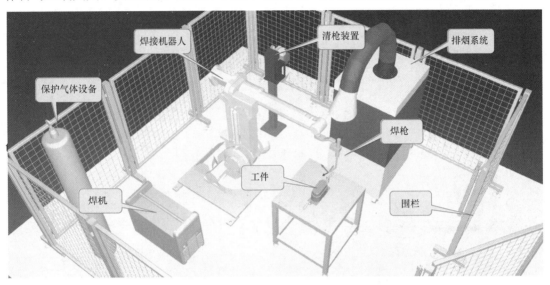

图 9-3　机器人焊接工作站的组成

### 9.3.2　Program 程序调用

机器人焊接仿真编程时需要在 Program 程序中调用其他 Program 程序，Program 程序调用方法如下：

**步骤 1：**假设 RoboDK 工作站中有三个 Program 程序：程序 1、程序 2 和主程序，主程序中调用程序 1 和程序 2，如图 9-4 所示。

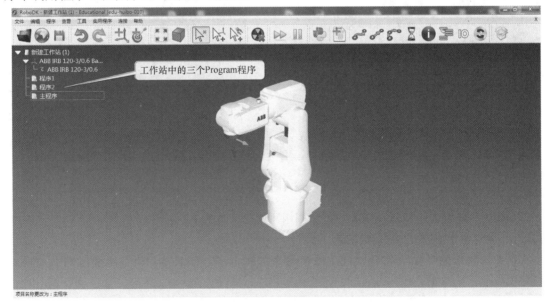

图 9-4　工作站

步骤 2：在主程序中添加指令，选择"Program Call Instruction"后，系统弹出如图 9-5 所示的对话框。

步骤 3：输入"程序 1"或通过"Select Program"选择程序 1，如图 9-6、图 9-7 所示。

图 9-5　添加程序调用指令

图 9-6　选择程序

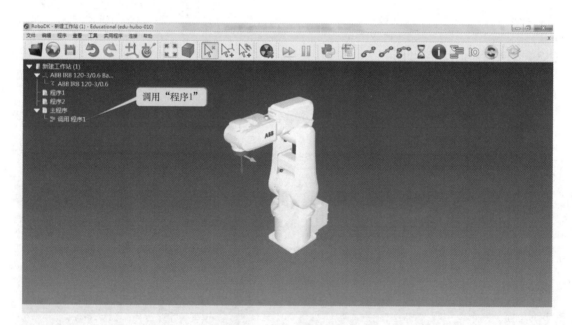

图 9-7　主程序调用程序 1

步骤 4：重复上述步骤，完成主程序调用程序 2，如图 9-8 所示。

### 9.3.3　通过 G 代码生成机器人程序

本案例将采用焊接轨迹 G 代码生成机器人焊接程序。在 RoboDK 中，通过 G 代码生成机器人程序的步骤如下：

步骤 1：构建一个简单的机器人工作站，如图 9-9 所示。

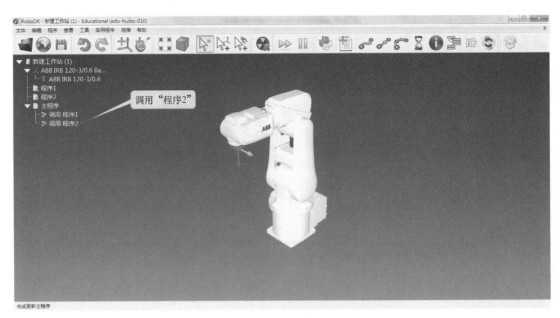

图 9-8　主程序调用程序 2

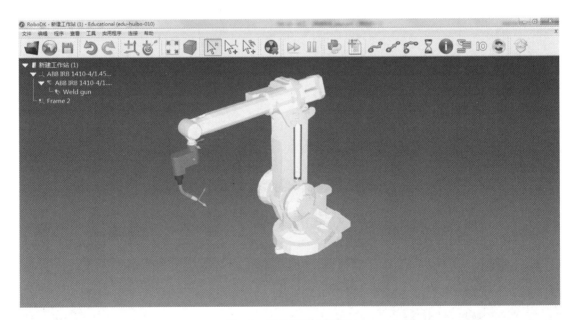

图 9-9　简单机器人工作站

　　**步骤 2**：单击菜单栏中的"实用程序"→"Robot Machining project"，创建机器人加工项目，如图 9-10、图 9-11 所示。

　　**步骤 3**：设置机器人加工项目相关参数，包括机器人、参考系（工件坐标系）和刀具（机器人工具），如图 9-12 所示。

　　**步骤 4**：导入 G 代码，生成机器人程序，如图 9-13、图 9-14 所示。

　　**步骤 5**：其他选择默认设置，然后单击"更新"按钮，生成机器人程序，如图 9-15 所示。

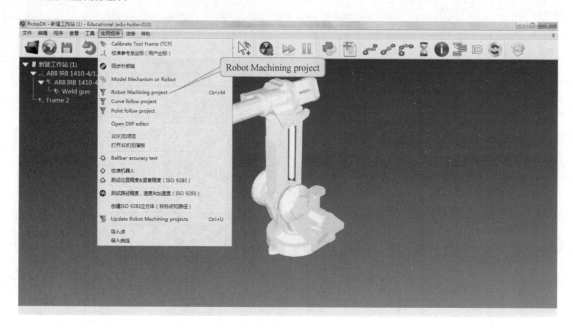

图 9-10　创建机器人加工项目

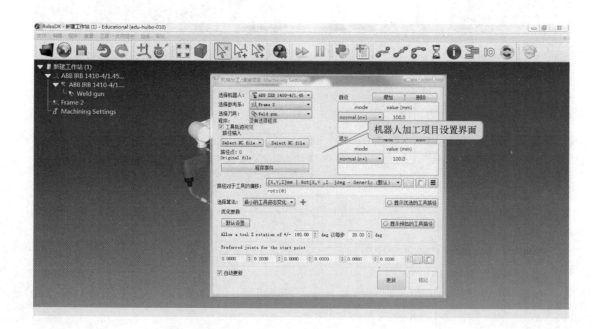

图 9-11　机器人加工项目设置界面

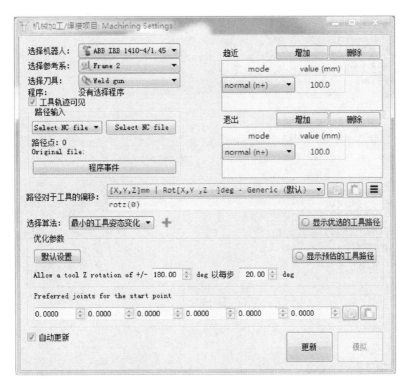

图 9-12 机器人加工项目设置

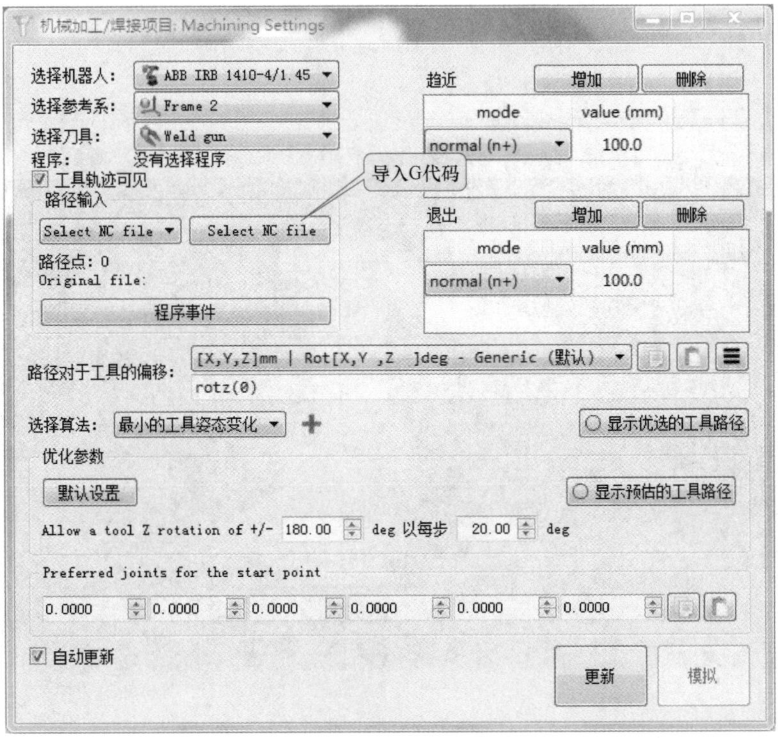

图 9-13 导入 G 代码

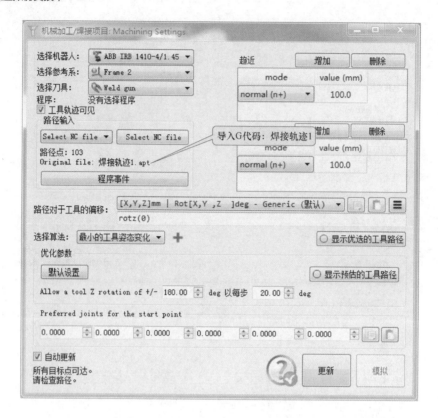

图 9-14  导入后的 G 代码

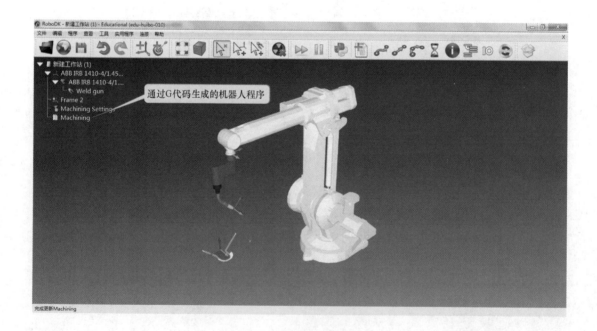

图 9-15  机器人程序

# 9.4 构建机器人焊接工作站

## 9.4.1 模型导入及布局

导入机器人焊接工作站模型,如图9-16所示。

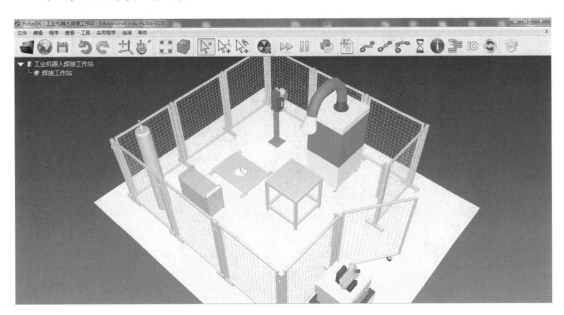

图9-16 导入机器人焊接工作站模型

## 9.4.2 机器人模型导入及布局

导入机器人模型,并将机器人安装到底座上,如图9-17所示。本案例中采用的机器人型号为ABB IRB 1410-4/1.45。

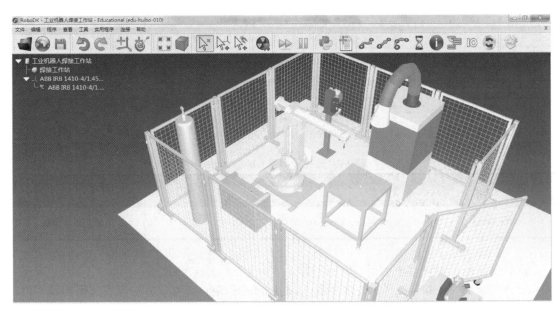

图9-17 导入机器人模型

### 9.4.3 导入焊枪模型并创建工具坐标系

导入焊枪模型，并将焊枪安装到机器人末端法兰上，如图 9-18 所示。

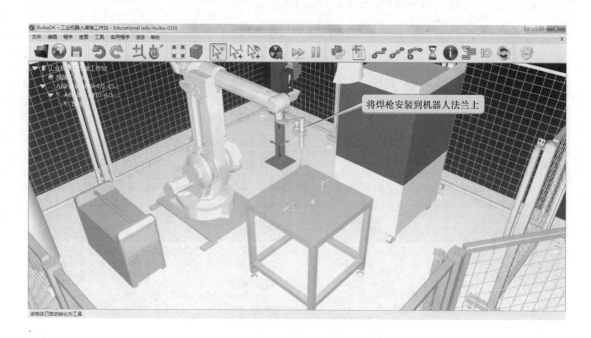

图 9-18 导入焊枪模型

双击焊枪，修改工具坐标系。工具坐标系值见表 9-1。

表 9-1 工具坐标系值

| 名称 | 工具坐标系值（X, Y, Z, RZ, RY, RX） |
|---|---|
| 焊枪 | （–120, 0, 360, 0, 35, 0） |

### 9.4.4 创建工件坐标系并导入焊接工件

创建工件坐标系"weld_frame"。"weld_frame"的坐标系值见表 9-2。

表 9-2 工件坐标系 weld_frame

| 名称 | 工件坐标系值（X, Y, Z, RZ, RY, RX） | 参考坐标系 |
|---|---|---|
| weld_frame | （1120, 0, 725, 0, 0, 0） | 机器人基坐标系 |

工件坐标系"weld_frame"如图 9-19 所示。

导入焊接工件，并安放在工件坐标系"weld_frame"下，焊接工件的位置采用初始零位，如图 9-20 所示。

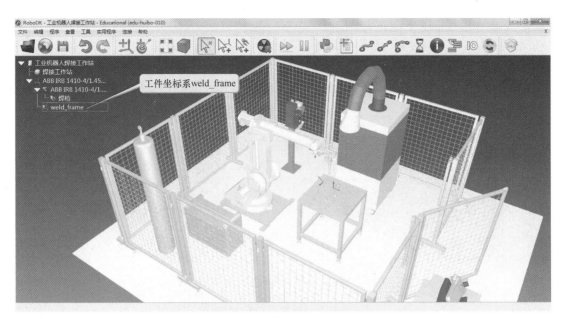

图 9-19　工件坐标系 weld_frame

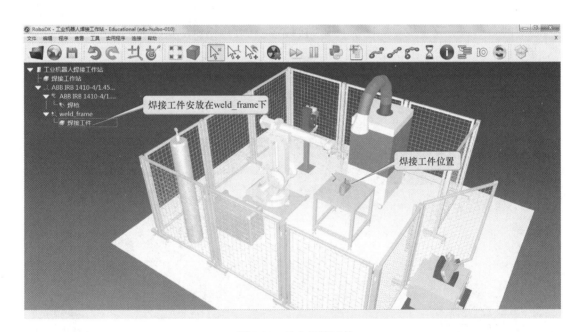

图 9-20　导入焊接工件

## 9.5　机器人焊接仿真编程

　　本案例中的机器人焊接仿真程序主要包括机器人焊接程序和机器人清枪程序。机器人焊接程序分为两部分：焊接程序 1 和焊接程序 2，通过这两个程序可完成机器人焊接轨迹。本案例最后采用一个主程序调用机器人焊接程序和机器人清枪程序，完成整个机器人焊接应用仿真。

### 9.5.1 机器人焊接程序

本案例中机器人焊接轨迹分为两部分：焊接轨迹 1 和焊接轨迹 2，如图 9-21 所示。

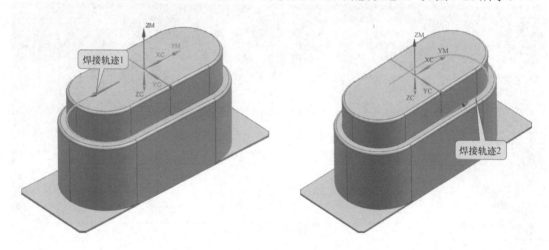

图 9-21　焊接轨迹 1 和焊接轨迹 2

CAM 中根据焊接轨迹 1 和焊接轨迹 2 分别生成相应的 G 代码程序，然后 RoboDK 根据焊接轨迹的 G 代码分别生成焊接程序 1 和焊接程序 2。具体操作步骤如下：

**步骤 1**：在 RoboDK 中新建两个机器人加工项目，分别命名为"焊接程序 1"和"焊接程序 2"，用于导入 G 代码生成机器人程序，如图 9-22 所示。

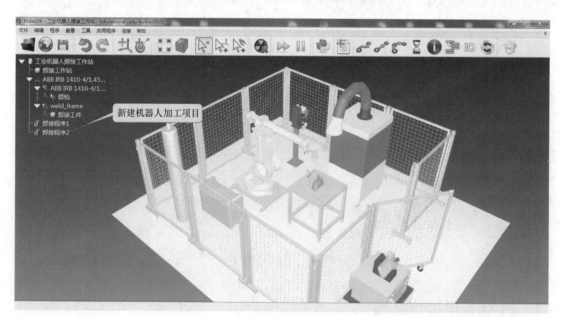

图 9-22　新建机器人加工项目

**步骤 2**：双击打开"焊接程序 1"机器人加工项目，设置机器人、参考系和刀具，如图 9-23 所示。

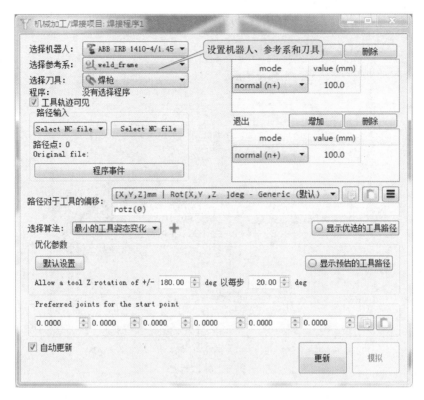

图 9-23　参数设置

步骤 3：导入焊接程序 1 的 G 代码，如图 9-24 所示。

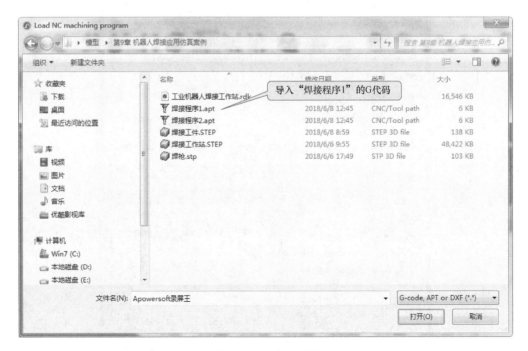

图 9-24　导入 G 代码

步骤4：单击"+"号，修改算法为"最小的工具姿态变化"，如图9-25和图9-26所示。

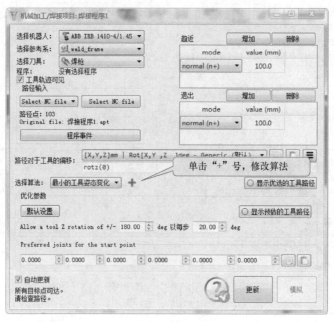

图 9-25  修改算法

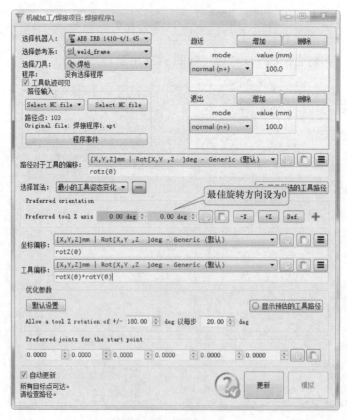

图 9-26  修改参数

步骤 5：单击"更新"按钮，生成 Program 类型的"焊接程序 1"，如图 9-27、图 9-28 所示。

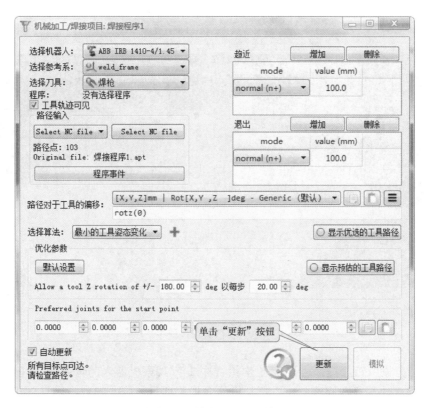

图 9-27  单击"更新"按钮

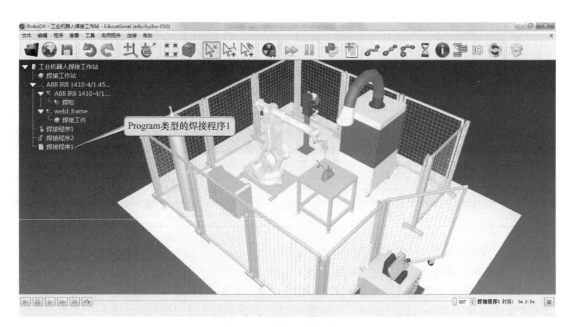

图 9-28  机器人焊接程序 1

步骤 6: 重复上述步骤, 根据"焊接程序 2"G 代码生成机器人焊接程序 2, 如图 9-29 所示。

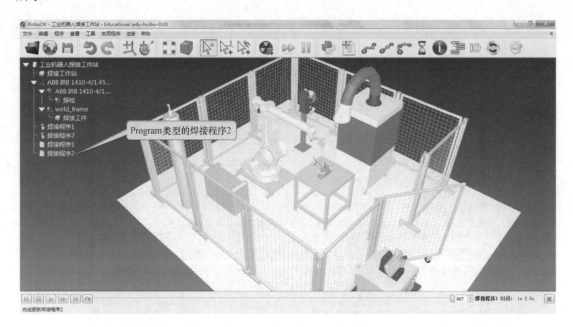

图 9-29　机器人焊接程序 2

步骤 7: 分别双击"焊接程序 1""焊接程序 2", 观察机器人的焊接轨迹是否满足要求。如果机器人焊接轨迹存在问题, 可以打开机器人加工项目, 修改参数, 最终使机器人焊接轨迹满足要求。

### 9.5.2　机器人清枪程序

机器人完成焊接工作后, 焊枪必须做清枪处理, 以便下次焊枪能够正常工作。本案例中的清枪流程是: 机器人移动到起始点→机器人移动到预清枪位置→机器人移动到清枪位置→机器人发送清枪信号→等待清枪结束信号→机器人返回起始点。

机器人起始点、预清枪点和清枪点的参数见表 9-3。

表 9-3　清枪程序目标点参数

| 目标点 | 目标点类型 | 坐标系值（X, Y, Z, RZ, RY, RX） | 参考坐标系 |
|---|---|---|---|
| 起始点 | 关节变量 | (0, −45, 0, 0, 90, 0) | 机器人基坐标系 |
| 预清枪点 | 直角坐标 | (−70, 1030, 1100, −90, 0, 180) | 机器人基坐标系 |
| 清枪点 | 直角坐标 | (−70, 1030, 950, −90, 0, 180) | 机器人基坐标系 |

机器人清枪程序如图 9-30 所示。

### 9.5.3　机器人主程序

机器人主程序主要是调用机器人焊接程序（程序 1 和程序 2）以及机器人清枪程序, 机器人主程序将实现整个机器人焊接工作站的仿真。机器人主程序如图 9-31 所示。

机器人焊接仿真案例如图 9-32 所示。

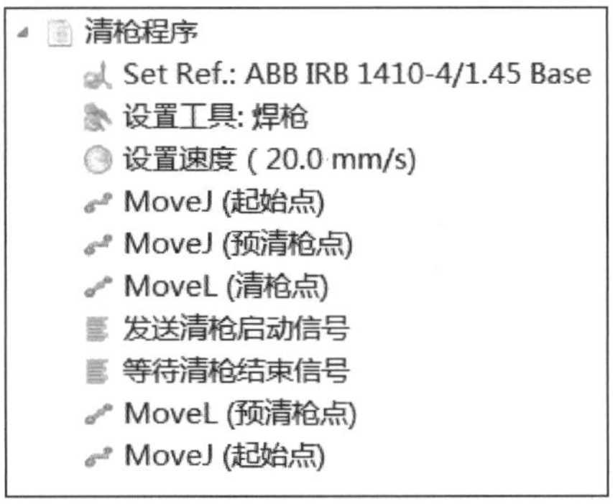

清枪程序
Set Ref.: ABB IRB 1410-4/1.45 Base
设置工具: 焊枪
设置速度 ( 20.0 mm/s)
MoveJ (起始点)
MoveJ (预清枪点)
MoveL (清枪点)
发送清枪启动信号
等待清枪结束信号
MoveL (预清枪点)
MoveJ (起始点)

图 9-30　机器人清枪程序

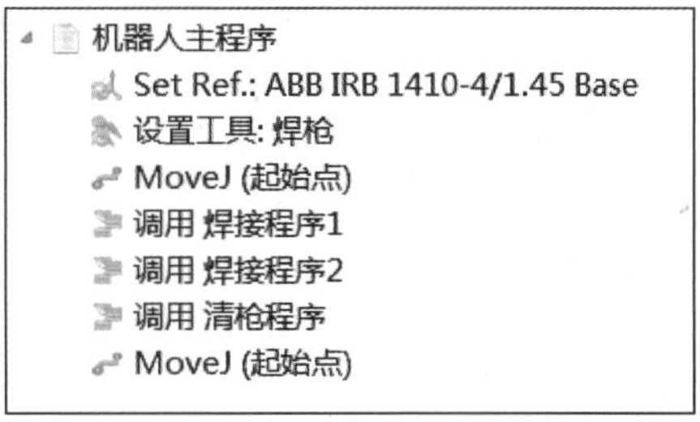

机器人主程序
Set Ref.: ABB IRB 1410-4/1.45 Base
设置工具: 焊枪
MoveJ (起始点)
调用 焊接程序1
调用 焊接程序2
调用 清枪程序
MoveJ (起始点)

图 9-31　机器人主程序

RoboDK - 工业机器人焊接工作站 - Educational (edu-huibo-010)
工业机器人焊接工作站
焊接工作站
ABB IRB 1410-4/1.45...
焊枪
起始点
预清枪点
清枪点
weld_frame
焊接样件
焊接程序1
焊接程序2
清枪程序
机器人主程序
Set Ref.: ABB IRB ...
设置工具: 焊枪
MoveJ (起始点)
调用 焊接程序1
调用 焊接程序2
调用 清枪程序
MoveJ (起始点)

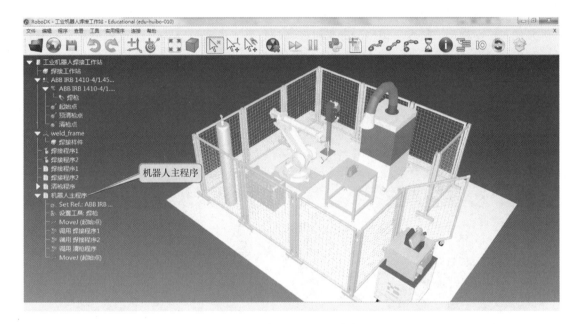

图 9-32　机器人焊接仿真案例

## 9.6　学习总结与课后练习

### 9.6.1　学习总结

本章主要介绍了机器人焊接工作站的组成、Program 程序调用和 G 代码生成机器人程序，最后介绍了工业机器人焊接的仿真编程。

### 9.6.2　课后练习

1）基于本案例，完成机器人焊接工作站的构建。

2）基于本案例，完成机器人焊接应用的仿真编程。

# 第 10 章
# 工业机器人打磨仿真案例

## 10.1 学习目标

本章主要学习的知识点是：工业机器人打磨的仿真编程。

## 10.2 任务描述

完成工业机器人打磨工作站的仿真编程。工业机器人打磨工作站如图 10-1 所示。本案例涉及的工作站模型、机器人模型、砂带机模型、打磨工件和打磨轨迹 G 代码都在本书配套的模型库中提供。

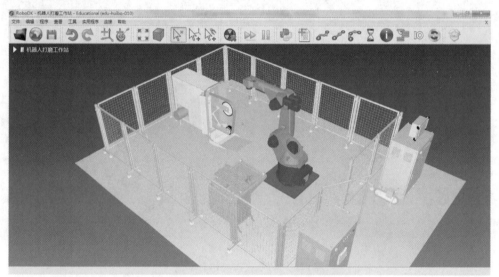

图 10-1 工业机器人打磨工作站

本案例的打磨工件是五金产品中常见的水龙头，如图 10-2 所示。

图 10-2 打磨工件——水龙头

## 10.3　知识储备

### 10.3.1　机器人打磨工作站的组成

本案例中的机器人打磨工作站由打磨机器人、砂带机、除尘设备、上下料滑台和安全系统（围栏、光栅、安全门）组成，如图 10-3 所示。

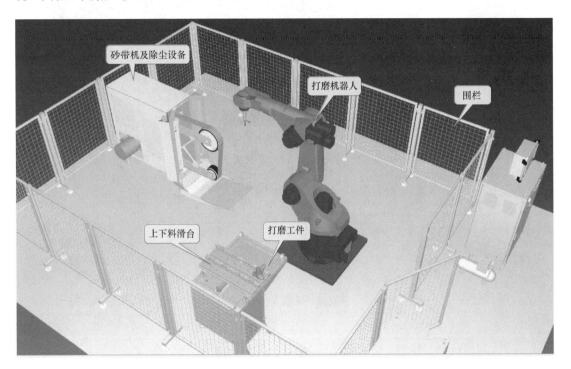

图 10-3　机器人打磨工作站的组成

### 10.3.2　机器人手持工件编程模式

通常情况下，机器人编程模式分为两种：机器人手持工具和机器人手持工件。第 9 章的机器人焊接仿真案例是典型的机器人手持工具的编程模式，即机器人手持焊枪焊接工件。本章将介绍机器人手持工件的编程模式，即机器人手持打磨工件，在砂带机上进行打磨。

在机器人手持工件编程模型下，RoboDK 基于打磨轨迹 G 代码生成机器人程序的步骤如下：

步骤 1：导入本案例的机器人打磨工作站，如图 10-4 所示。

步骤 2：创建机器人加工项目，命名为"打磨程序"，加工项目参数如图 10-5 所示。

步骤 3：导入打磨轨迹 G 代码，即打磨轨迹 .apt，如图 10-6 所示。

步骤 4：选择机器人手持工件模式的算法，即 Robot holds object，并修改算法参数，如图 10-7 所示。

步骤 5：单击"更新"按钮，生成基于打磨轨迹 G 代码的机器人程序，如图 10-8 所示。

步骤 6：双击"打磨程序"，程序运行过程如图 10-9 所示。

图 10-4　机器人手持工件

图 10-5　机器人加工项目参数

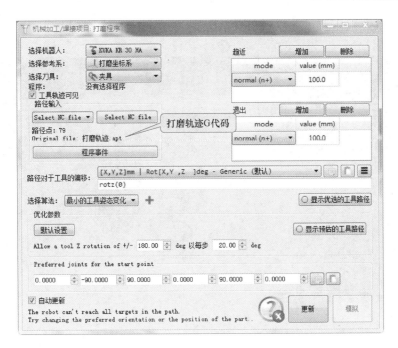

图 10-6　导入打磨轨迹 G 代码

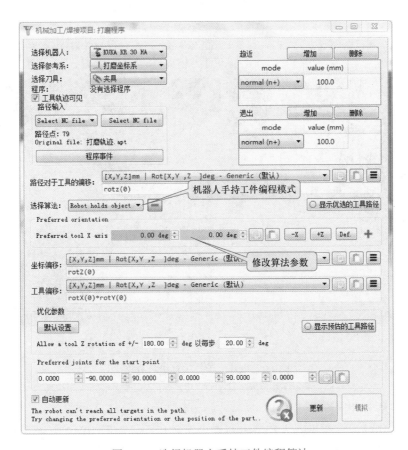

图 10-7　选择机器人手持工件编程算法

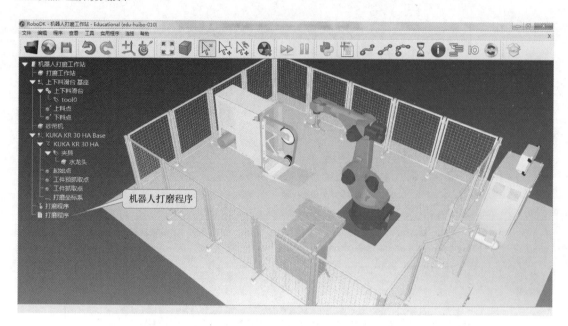

图 10-8　生成机器人程序

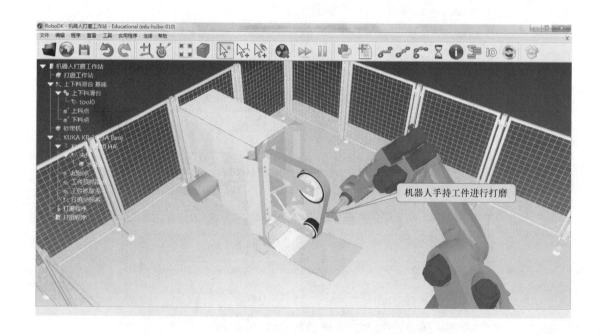

图 10-9　机器人手持工件进行打磨

### 10.3.3　不同机构创建目标点

RoboDK 工作站中存在机器人和上下料滑台两种机构，如图 10-10 所示。为上下料滑台机构创建一个目标点，命名为"上料点"，关节数值为 300，具体操作步骤如下：

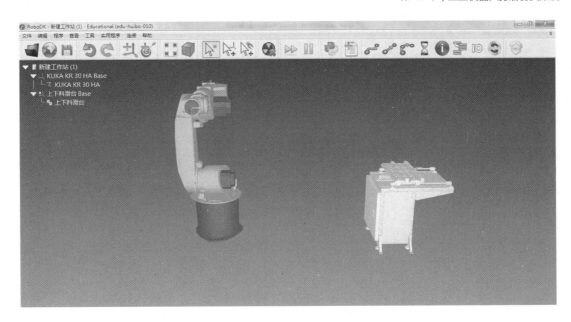

图 10-10　机器人和上下料滑台机构

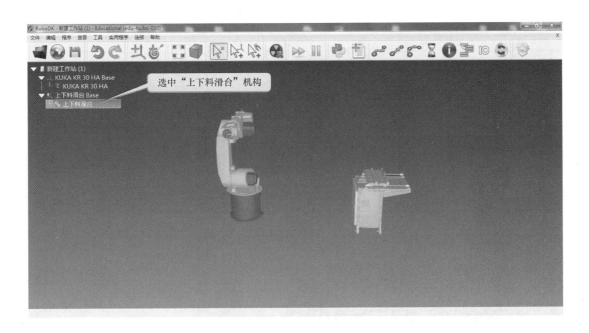

图 10-11　选中上下料滑台机构

步骤 1：选中"上下料滑台"机构，如图 10-11 所示。

步骤 2：创建一个目标点，命名为"上料点"，如图 10-12 所示。

步骤 3：选中目标点"上料点"，按〈F3〉键，进入目标点属性界面。设置目标点为关节变量类型，关节值为 300，如图 10-13、图 10-14 所示。

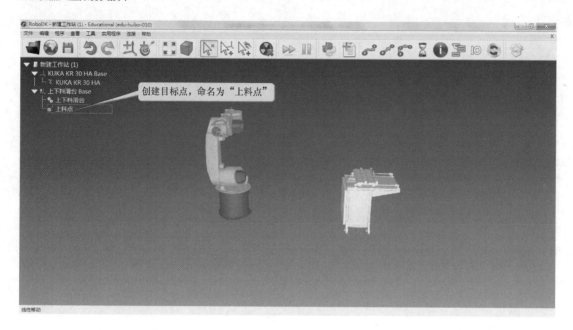

图 10-12　创建目标点

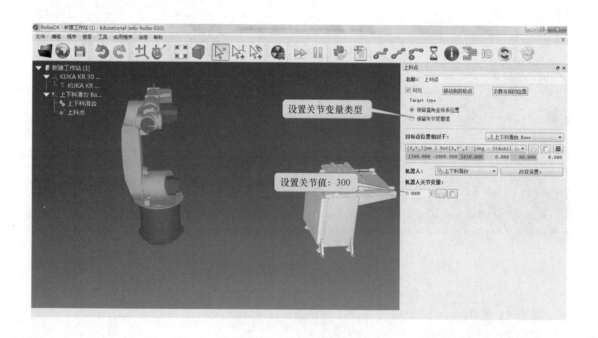

图 10-13　设置目标点的参数

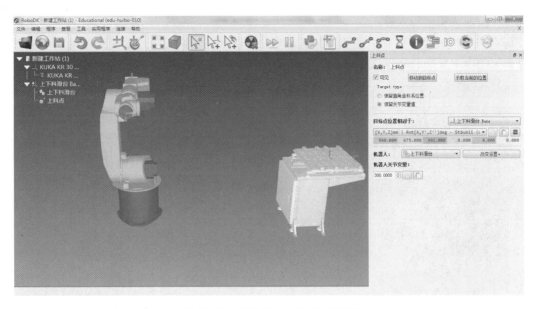

图 10-14　目标点"上料点"的参数

## 10.4　构建机器人打磨工作站

### 10.4.1　模型导入及布局

导入机器人打磨工作站模型及砂带机模型，并按照打磨工作站布局，布局参数见表 10-1。

表 10-1　工作站布局参数

| 名称 | 坐标系值（X, Y, Z, RX, RY, RZ） | 参照系 |
| --- | --- | --- |
| 砂带机 | （2200，−200，−45，0，0，0） | 工作站 |

机器人打磨工作站布局如图 10-15 所示。

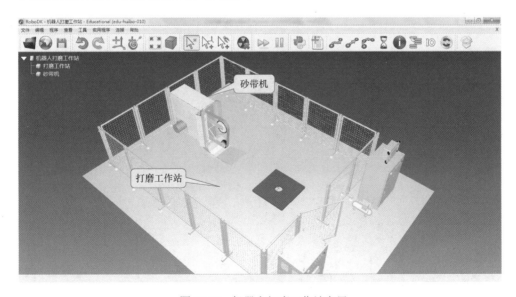

图 10-15　机器人打磨工作站布局

### 10.4.2 机器人模型导入及布局

导入机器人模型，并将机器人安装到底座上，如图 10-16 所示。本案例中采用的机器人型号为 KUKA KR 30 HA。

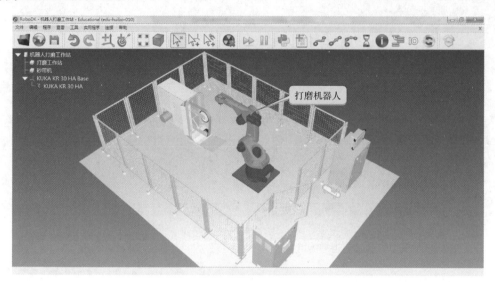

图 10-16 机器人导入及布局

### 10.4.3 上下料滑台模型导入及布局

本案例中的上下料滑台模型是自由度为 1 的直线运动机构，上下料滑台的布局参数见表 10-2。

表 10-2 上下料滑台的布局参数

| 名称 | 坐标系值（X, Y, Z, RX, RY, RZ） | 参照系 |
| --- | --- | --- |
| 上下料滑台 | （500, 1800, -45, 0, 0, 180） | 工作站 |

上下料滑台的布局如图 10-17 所示。

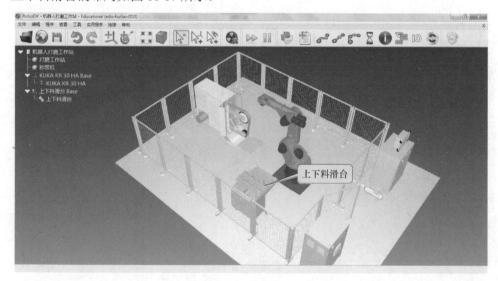

图 10-17 上下料滑台的布局

上下料滑台的上料位置和下料位置如图 10-18 所示。

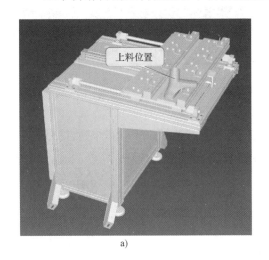

a) 　　　　　　　　　　　　　　　　　　b)

图 10-18　上下料滑台的上料位置和下料位置

### 10.4.4　工具模型导入及布局

本案例中的工具模型有：滑台夹具 .tool 和机器人夹具 .tool。滑台夹具安装到上下料滑台机构上，机器人夹具安装到 KUKA 机器人上，如图 10-19 所示，注意：本案例中的滑台夹具实际是一个空夹具。

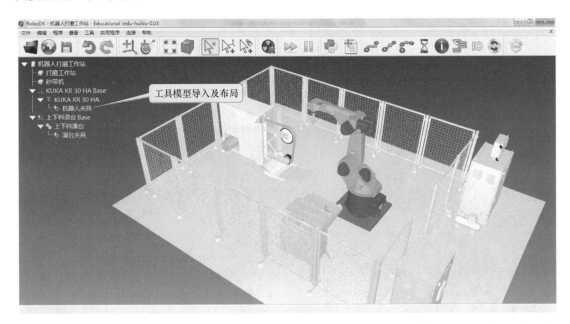

图 10-19　工具模型导入及布局

### 10.4.5　创建工件坐标系并导入打磨工件

创建工件坐标系：打磨坐标系，数值见表 10-3。

打磨坐标系如图 10-20 所示。

表 10-3　打磨坐标系值

| 坐标系名称 | 坐标系值（X, Y, Z, RZ, RY, RX） | 参照系 |
| --- | --- | --- |
| 打磨坐标系 | （1580，45，700，90，0，-98） | 机器人基坐标系 |

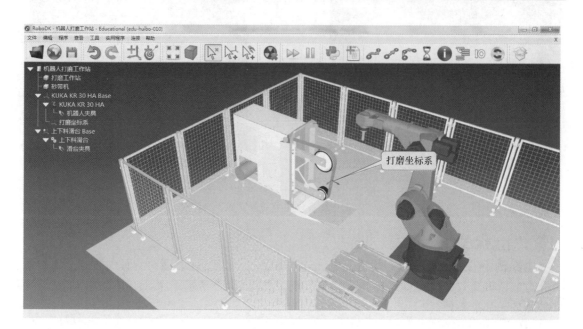

图 10-20　打磨坐标系

导入打磨工件：水龙头 .stp，并安装到滑台夹具上，如图 10-21、图 10-22 所示。

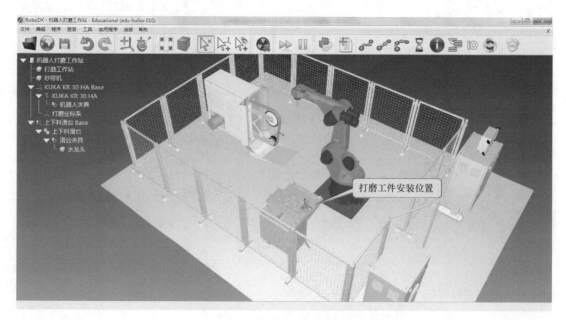

图 10-21　打磨工件安装位置

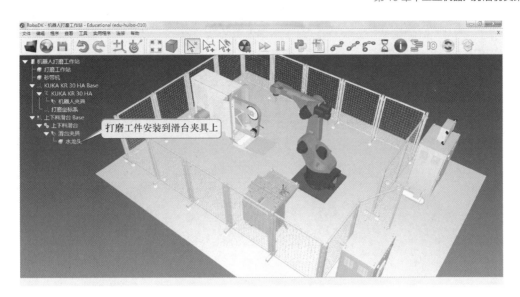

图 10-22　打磨工件安装到滑台夹具上

## 10.5　机器人打磨仿真编程

### 10.5.1　机器人打磨工作站工作流程

机器人打磨工作站的工作流程是：上下料滑台上料→机器人抓取工件→机器人打磨工件→机器人放回工件→上下料滑台下料。

根据打磨工作站的工作流程，机器人打磨应用的仿真程序将分为：工作站初始化程序、滑台上料程序、滑台下料程序、机器人抓取工件程序、机器人放回工件程序、打磨程序及机器人主程序。本案例将采用 Program 编程方式完成上述程序的编制。

### 10.5.2　工作站初始化程序

机器人打磨初始工作站如图 10-23 所示。

图 10-23　机器人打磨初始工作站

创建"工作站初始化程序",然后设置工作站的初始化指令:Simulation Event Instruction,如图 10-24、图 10-25 所示。

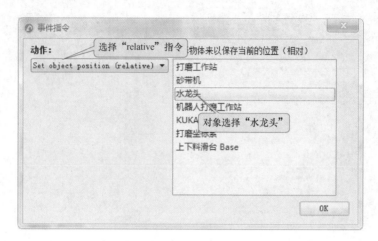

图 10-24  指令参数

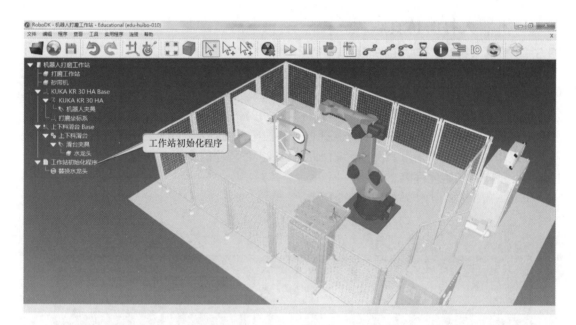

图 10-25  工作站初始化程序

### 10.5.3  滑台上料和下料程序

在上下料滑台机构创建两个关节变量类型的目标点:上料点和下料点,目标点的参数见表 10-4。

表 10-4  目标点的参数

| 目标点名称 | 关节值 | 关联的机器人 |
|---|---|---|
| 上料点 | 300 | 上下料滑台 |
| 下料点 | 0 | 上下料滑台 |

创建的目标点如图 10-26 所示。

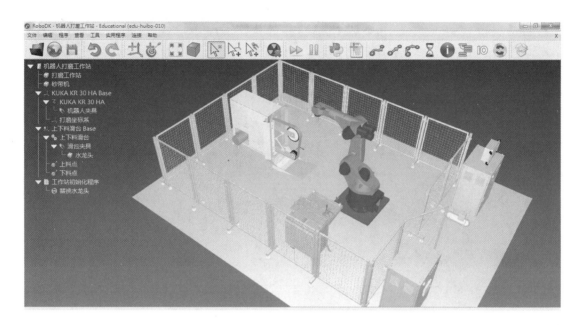

图 10-26　创建目标点

新建滑台上料程序和滑台下料程序，并设置关联的机器人，如图 10-27、图 10-28 所示。

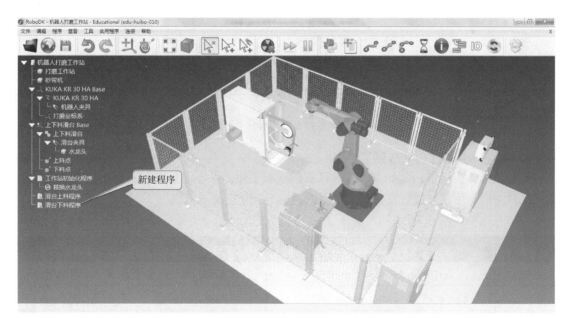

图 10-27　新建上料程序和下料程序

滑台上料和滑台下料程序如图 10-29 所示。

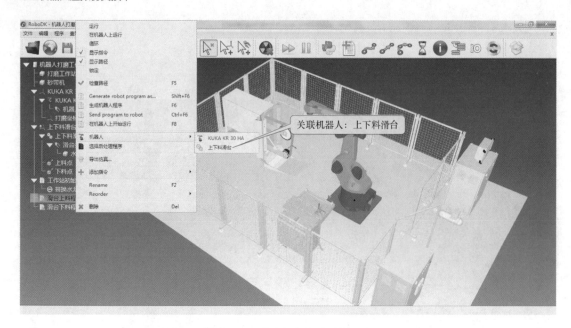

图 10-28　设置程序的关联机器人

图 10-29　滑台上料和滑台下料程序

### 10.5.4　机器人抓取工件和放回工件

新建机器人目标点：起始点、工件预抓取点和工件抓取点，目标点的参数见表 10-5。注意：工件的抓取位置与放置位置相同，所以这里不重复定义目标点。

表 10-5　机器人目标点的参数

| 名称 | 坐标系值（X, Y, Z, RZ, RY, RX） | 关联的机器人 | 参考系 |
| --- | --- | --- | --- |
| 起始点 | （1170, 0, 1470, −180, 0, 180） | KUKA KR 30 HA | 机器人基坐标系 |
| 预抓取点 | （−60, 1125, 1000, −180, 0, 180） | KUKA KR 30 HA | 机器人基坐标系 |
| 抓取点 | （−60, 1125, 927, −180, 0, 180） | KUKA KR 30 HA | 机器人基坐标系 |

新建机器人抓取工件程序和放回工件程序，并设置关联的机器人，如图 10-30 所示。

机器人抓取工件程序和放回工件程序如图 10-31、图 10-32 所示。

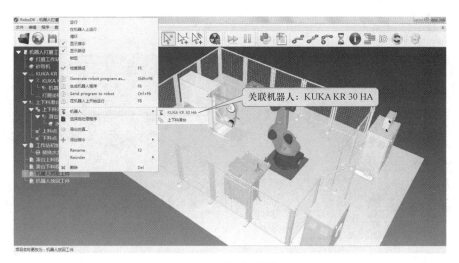

图 10-30　程序关联的机器人

图 10-31　机器人抓取工件程序

图 10-32　机器人放回工件程序

### 10.5.5　机器人打磨程序

新建机器人加工项目，导入水龙头的打磨轨迹 G 代码，选择机器人手持工件编程的算法，然后生成机器人程序，如图 10-33、图 10-34 所示。

图 10-33　机器人打磨加工项目

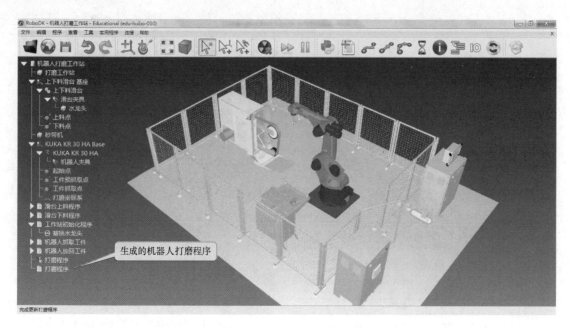

图 10-34　机器人打磨程序

### 10.5.6　主程序

新建主程序，按照工作站的工作流程调用上述程序，完成机器人打磨的仿真编程，如图 10-35 所示。双击"主程序"即可进行机器人打磨的仿真。

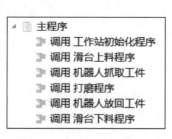

图 10-35　主程序

## 10.6　学习总结与课后练习

### 10.6.1　学习总结

本章主要介绍了机器人打磨工作站的组成、机器人手持工件编程模式以及不同机构创建目标点的方法，最后介绍了工业机器人打磨的仿真编程。

### 10.6.2　课后练习

1）基于本案例，完成机器人打磨工作站的构建。

2）基于本案例，完成机器人打磨的仿真编程。

# 第11章
# 工业机器人喷涂仿真案例

## 11.1 学习目标

本章主要学习的知识点是：工业机器人喷涂的仿真编程。

## 11.2 任务描述

完成工业机器人喷涂工作站的仿真编程。工业机器人喷涂工作站如图11-1所示。本案例涉及的工作站模型、机器人模型、双工位喷涂转台模型、喷涂工件和喷涂轨迹G代码都在本书配套的模型库中提供。

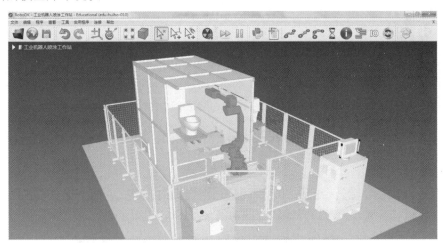

图 11-1　机器人喷涂工作站

本案例的喷涂工件是卫浴产品中常见的马桶，如图11-2所示。

图 11-2　马桶模型

## 11.3 知识储备

### 11.3.1 机器人喷涂工作站的组成

本案例中机器人喷涂工作站由喷涂机器人、喷枪、双工位喷涂转台、喷涂房、喷涂工件、安全系统（围栏、光栅、安全门）等组成，如图 11-3 所示。

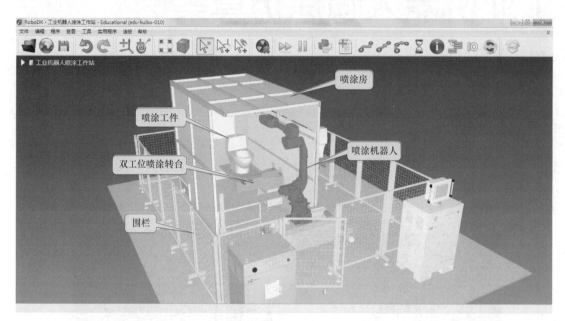

图 11-3　机器人喷涂工作站

### 11.3.2 创建组合机构

本案例中双工位喷涂转台的仿真模型将采用组合机构的形式，即一个变位机机构加上两个单工位转台机构，实现双工位喷涂转台的功能，如图 11-4 所示。

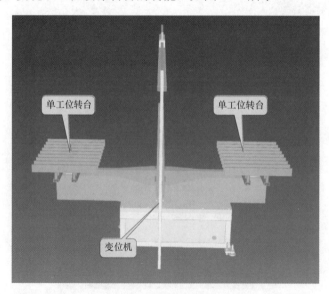

图 11-4　双工位喷涂转台

创建组合机构形式的双工位喷涂转台的步骤如下：

**步骤 1**：新建 RoboDK 工作站，导入已经创建好的变位机机构模型和两个单工位转台机构模型，并将两个单工位转台机构分别命名为"单工位转台 1"和"单工位转台 2"，如图 11-5 所示。

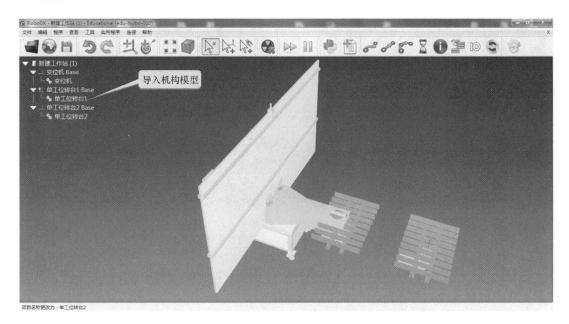

图 11-5　导入机构模型

**步骤 2**：选中"单工位转台 1 Base"坐标系，将该对象拖动到"变位机"对象上，即将单工位转台 1 安装到变位机机构上，如图 11-6、图 11-7 所示。

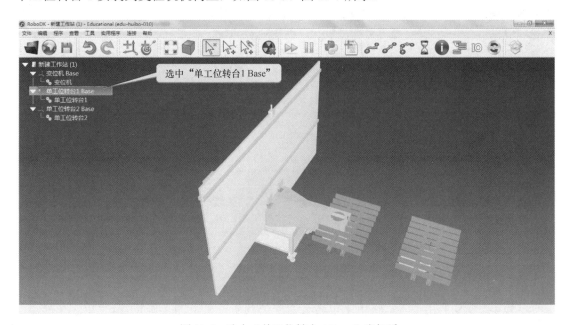

图 11-6　选中"单工位转台 1 Base"坐标系

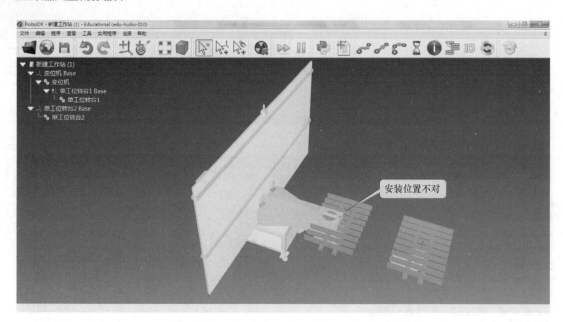

图 11-7　单工位转台 1 安装到变位机上

步骤 3：此时发现，单工位转台 1 并没有安装到变位机上的正确位置，需要调整单工位转台 1 在变位机上的位置，修改"单工位转台 1 Base"的坐标值为（0，−875，215，0，0，180），修改后如图 11-8 所示。

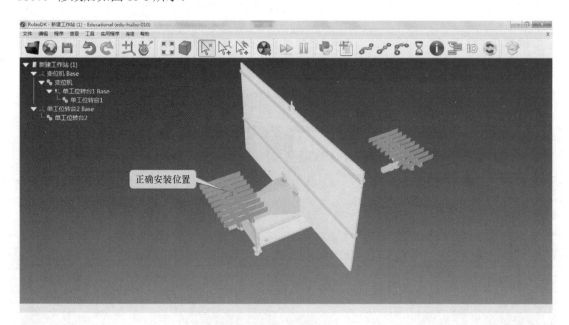

图 11-8　正确安装位置

步骤 4：重复上述步骤，将单工位转台 2 安装到变位机上的正确位置，"单工位转台 2 Base"的坐标值为（0，875，215，0，0，0），如图 11-9 所示。

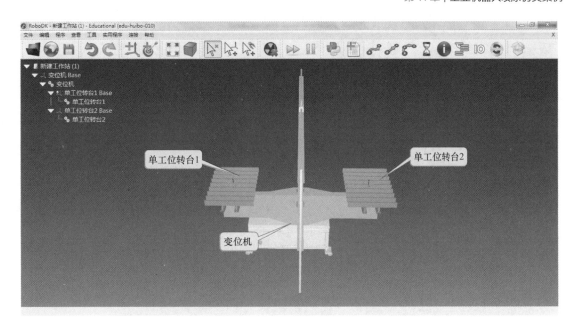

图 11-9　双工位喷涂转台模型

### 11.3.3　Python 程序调用 Program 程序

本案例将采用 Python 类型的主程序调用 Program 类型的机器人喷涂程序，实现机器人喷涂应用的仿真编程。在 Python 程序中调用 Program 程序的函数见表 11-1。

表 11-1　在 Python 程序中调用 Program 程序的函数

| 函数名 | RunProgram（fcn_param，wait_for_finished = False） |
|---|---|
| 参数 | fcn_param：工作站中要调用的 Program 程序的名称<br>wait_for_finished：True/False；True 表示等待调用程序执行结束，再执行下面的程序；False 表示不等待调用程序执行结束，马上执行下面的程序 |
| 功能 | Python 程序中调用并执行 Program 程序 |
| 示例 | RDK.RunProgram（'Prog1'，True） |

## 11.4　构建机器人喷涂工作站

### 11.4.1　模型导入及布局

新建 RoboDK 工作站，导入机器人喷涂工作站及喷涂房模型，机器人喷涂工作站布局如图 11-10 所示。

### 11.4.2　机器人模型导入及布局

导入机器人模型，并将机器人安装到底座上，如图 11-11 所示。本案例中采用的机器人型号为 Huibo 10，机器人基坐标系为（0，0，0，0，0，0）。

### 11.4.3　双工位喷涂转台模型导入及布局

导入组合机构——双工位喷涂转台模型，布局参数见表 11-2。

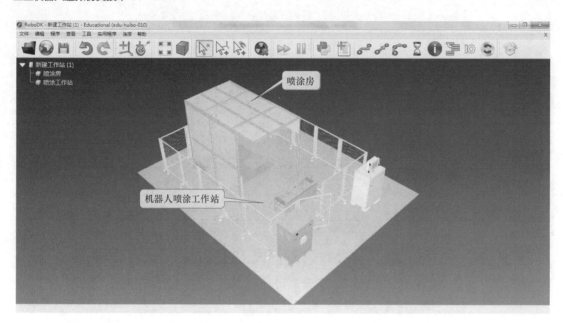

图 11-10　机器人喷涂工作站布局

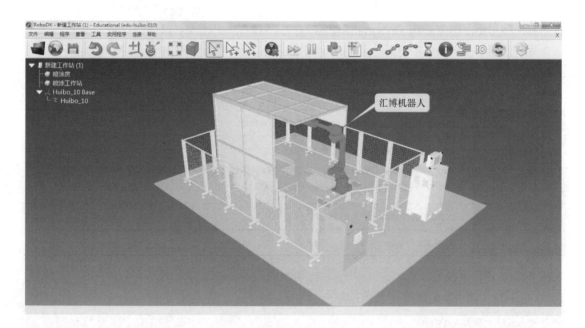

图 11-11　机器人模型导入及布局

表 11-2　布局参数

| 名　称 | 坐标系值（X, Y, Z, RX, RY, RZ） | 参照系 |
|---|---|---|
| 变位机 Base | （2080, -698, -188, 0, 0, 180） | 工作站 |
| 单工位转台 1 Base | （0, 875, 215, 0, 0, 0） | 变位机 |
| 单工位转台 2 Base | （0, -875, 215, 0, 0, 180） | 变位机 |

双工位喷涂转台布局如图 11-12 所示。

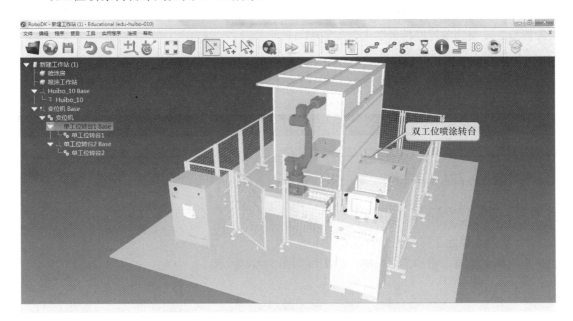

图 11-12　双工位喷涂转台布局

### 11.4.4　工具模型导入及布局

本案例中的工具模型有：喷枪 .tool、转台夹具 1.tool 和转台夹具 2.tool，喷枪安装到机器人上，转台夹具 1 安装到单工位转台 1 上，转台夹具 2 安装到单工位转台 2 上，如图 11-13 所示。

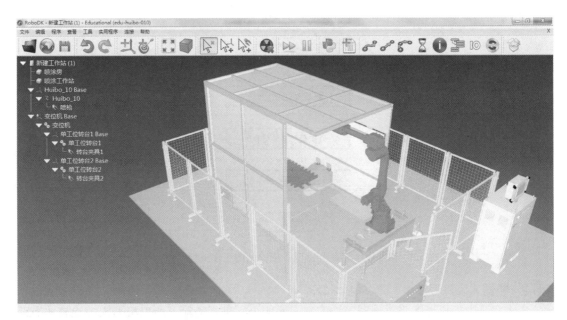

图 11-13　工具模型导入及布局

### 11.4.5　喷涂工件导入及布局

导入喷涂工件：马桶模型 1 和马桶模型 2，并将马桶模型 1 安装到单工位转台 1 上，将马桶模型 2 安装到单工位转台 2 上，如图 11-11 所示。

### 11.4.6　创建工件坐标系

创建工件坐标系：喷涂坐标系，数值见表 11-3。

表 11-3　喷涂坐标系数值

| 坐标系名称 | 坐标系数值（X，Y，Z，RX，RY，RZ） | 参照系 |
|---|---|---|
| 喷涂坐标系 | （2080，177，202，0，0，-90） | 机器人基坐标系 |

构建好的机器人喷涂工作站如图 11-11 所示。

## 11.5　机器人喷涂仿真编程

### 11.5.1　机器人喷涂工作站工作流程

本案例中机器人喷涂工作站的工作流程如图 11-14 所示。

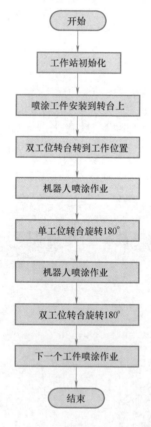

图 11-14　机器人喷涂工作站的工作流程

### 11.5.2　机器人喷涂程序

在本案例中，机器人将对马桶工件的左右两侧分别进行喷涂，所以机器人喷涂轨迹有两部分，对应的机器人喷涂轨迹 G 代码也有两部分：喷涂轨迹 G 代码 1 和喷涂轨迹 G 代码 2。

机器人喷涂程序的生成步骤如下：

**步骤 1**：单工位转台 1 旋转到关节值"−90"，如图 11-15 所示。注意：为方便仿真编程，这里将喷涂房模型隐藏。

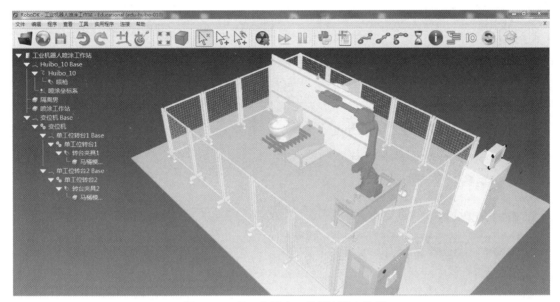

图 11-15　单工位转台 1 旋转到指定位置

**步骤 2**：新建机器人加工项目，命名为"喷涂程序 1"，并设置加工项目参数，如图 11-16 所示。

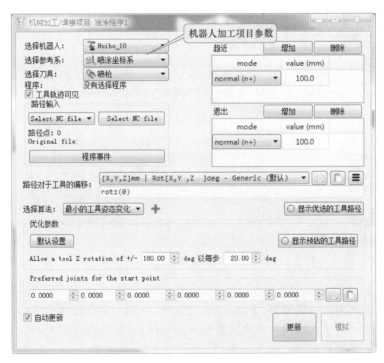

图 11-16　机器人加工项目参数

步骤 3：导入"喷涂轨迹 G 代码 1"，算法设置如图 11-17 所示。

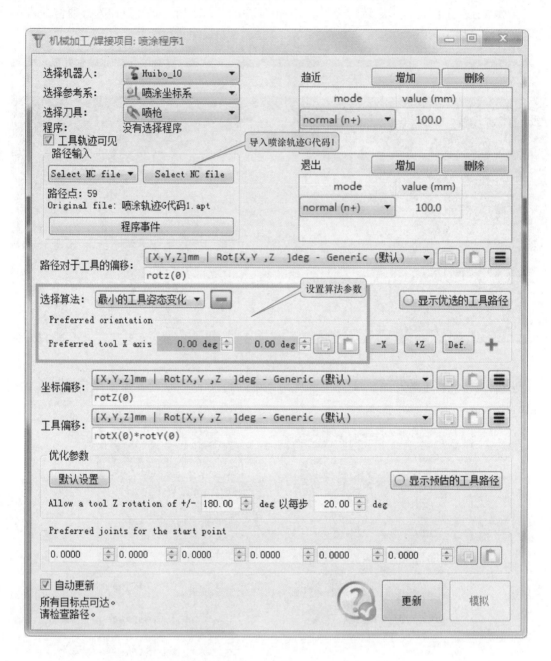

图 11-17　导入喷涂轨迹 G 代码

步骤 4：机器人初始位置设置为（0，25，25，0，−50，0），如图 11-18 所示。

步骤 5：单击"更新"按钮，生成机器人喷涂程序 1，如图 11-19 所示。

步骤 6：将单工位转台 1 旋转到关节值"90"处，导入喷涂轨迹 G 代码 2，生成机器人喷涂程序 2，如图 11-20、图 11-21 所示。

图 11-18　机器人初始位置

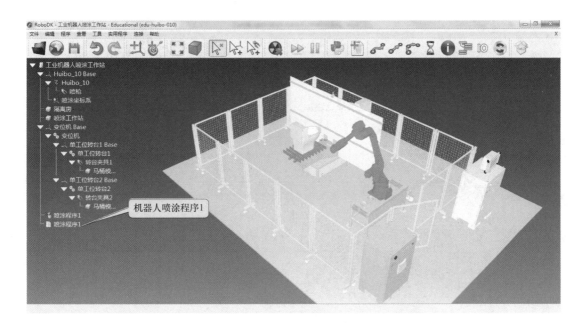

图 11-19　机器人喷涂程序 1

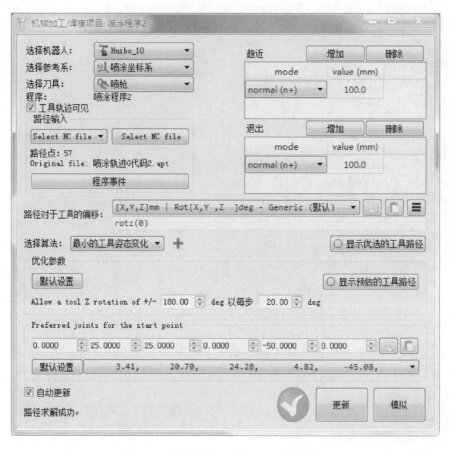

图 11-20　机器人加工项目——喷涂程序 2

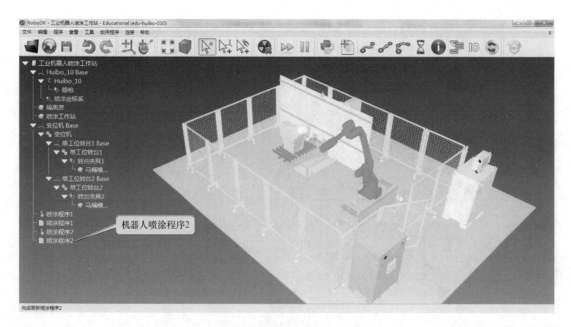

图 11-21　机器人喷涂程序 2

### 11.5.3　机器人主程序

本案例采用 Python 类型的机器人主程序，调用喷涂程序 1 和喷涂程序 2，实现机器人喷涂工作站的仿真。

机器人主程序如图 11-22 ～图 11-25 所示。

```
# 内容：工业机器人复杂搬运应用仿真程序
# 时间：2018/6/12
# RoboDK Version: 3.4.1
from robolink import *        # RoboDK API
from robodk import *          # Robot toolbox


RDK = Robolink()
```

图 11-22　加载模块

```
# 定义RoboDK工作站中的对象
robot = RDK.Item('Huibo 10')                   # 定义机器人对象
positioner = RDK.Item('变位机')                  # 定义变位机机构
turntable_1 = RDK.Item('单工位转台1')            # 定义单工位转台1机构
turntable_2 = RDK.Item('单工位转台2')            # 定义单工位转台2机构
spray_gun = RDK.Item('喷枪')                     # 定义喷枪工具
tool1 = RDK.Item('转台夹具1')                     # 定义转台夹具1
tool2 = RDK.Item('转台夹具2')                     # 定义转台夹具2
spray_frame = RDK.Item('喷涂坐标系')             # 定义喷涂坐标系

# 定义目标点
p_0 = [0, 0, 0, 0, 0, 0]                        # 定义机器人零位
p_start = [0, 25, 25, 0, -50, 0]                # 定义机器人初始位置
p_turn_0 = [0]                                  # 定义单工位转台零位
p_turn_1 = [-90]                                # 定义单工位转台工作位置1
p_turn_2 = [90]                                 # 定义单工位转台工作位置2
```

图 11-23　定义对象和目标点

```
# 定义工作站初始化函数
def  reset_station():
    RDK.Render(False)                       # 停止刷新工作站
    positioner.setJoints([0])               # 变位机恢复到零位
    turntable_1.setJoints(p_turn_0)         # 单工位转台1恢复到零位
    turntable_2.setJoints(p_turn_0)         # 单工位转台2恢复到零位
    robot.setJoints(p_0)                    # 机器人恢复到零位
    RDK.Render(True)                        # 刷新工作站
```

图 11-24　工作站初始化函数

```
########### 开始仿真 ###########

reset_station()                           # 工作站初始化
robot.setSpeed(20, 20, -1, -1)            # 设置机器人的线速度和角速度

turntable_1.MoveJ(p_turn_1)               # 单工位转台1旋转到工作位置1
robot.MoveJ(p_start)                       # 机器人移动到初始位置
RDK.RunProgram('喷涂程序1', True)          # 调用机器人喷涂程序1，并执行

robot.MoveJ(p_0)                           # 机器人移动到零位

turntable_1.MoveJ(p_turn_2)               # 单工位转台1旋转到工作位置2
robot.MoveJ(p_start)                       # 机器人移动到初始位置
RDK.RunProgram('喷涂程序2', True)          # 调用机器人喷涂程序2，并执行

robot.MoveJ(p_0)                           # 机器人移动到零位

turntable_1.MoveJ(p_turn_0)               # 单工位转台1恢复到零位
positioner.MoveJ([180])                    # 变位机旋转180°，进行下一个工件的喷涂作业
```

图 11-25　仿真主程序

## 11.6　学习总结与课后练习

### 11.6.1　学习总结

本章主要介绍了机器人喷涂工作站的组成、RoboDK 创建组合机构、Python 程序调用 Program 程序的方法，最后介绍了工业机器人喷涂的仿真编程。

### 11.6.2　课后练习

1）基于本案例，完成机器人喷涂工作站的构建。

2）基于本案例，完成机器人喷涂的仿真编程。

# 第12章
# 工业机器人写字仿真案例

## 12.1 学习目标

本章主要学习以下知识点：

1. svg 模块的相关知识。

2. RoboDK API 其他相关函数。

3. 工业机器人写字的仿真编程。

## 12.2 任务描述

基于 Python API 完成工业机器人写字的仿真编程，并导出机器人离线程序。工业机器人写字工作站如图 12-1 所示。

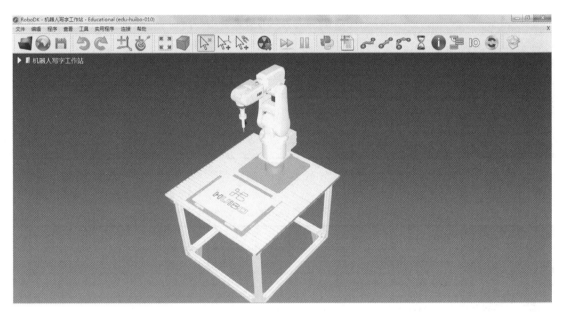

图 12-1　工业机器人写字工作站

## 12.3 知识储备

### 12.3.1 svg 模块相关知识

svg 模块主要用于加载 svg 格式图片生成相应的图片数据，然后应用于对应的场合，如图片处理等。svg 模块常用的类有 Point()、Path_feature() 和 svg()，常用的方法有：svg_load()、calc_polygon_fit()、nPoints()、getPoint() 和 getVector()。使用方法如下：

Point 类的功能及使用方法见表 12-1。

表 12-1　Point 类的功能及使用方法

| 类 | Point（object） |
| --- | --- |
| 参数 | object 可为坐标点（X，Y） |
| 功能 | 创建二维空间中的点或二维矢量 |
| 示例 | Point（10，20） |

Path_feature 类的功能及使用方法见表 12-2。

表 12-2　Path_feature 类的功能及使用方法

| 类 | Path_features（） |
| --- | --- |
| 参数 | 无 |
| 功能 | 获取 svg 格式图片中的路径数据 |
| 类方法 | nPoints（）、getPoint（）、getVector（） |

nPoints 类方法的功能及使用方法见表 12-3。

表 12-3　nPoints 类方法的功能及使用方法

| 类方法 | nPoints（） |
| --- | --- |
| 参数 | 无 |
| 功能 | 返回路径中点的数量 |
| 示例 | np = path.nPoints（） |
| 示例说明 | 参数 path：svg 图片中的路径数据 |

getPoint 类方法的功能及使用方法见表 12-4。

表 12-4　getPoint 类方法的功能及使用方法

| 类方法 | getPoint（i） |
| --- | --- |
| 参数 | i：路径中的第 i 个点 |
| 功能 | 获取路径中第 i 个点的坐标值 |
| 示例 | p_i = path.getPoint（i） |

getVector 类方法的功能及使用方法见表 12-5。

表 12-5　getVector 类方法的功能及使用方法

| 类方法 | getVector（i） |
| --- | --- |
| 参数 | i：路径中的第 i 个点 |
| 功能 | 获取路径中第 i 个点的方向 |
| 示例 | v_i = path.getVector（i） |

svg 类的功能及使用方法见表 12-6。

表 12-6　svg 类的功能及使用方法

| | |
|---|---|
| 类 | svg 类 |
| 参数 | 无 |
| 功能 | 处理 svg 图片 |
| 类方法 | svg_load、calc_polygon_fit（） |

svg_load 类方法的功能及使用方法见表 12-7。

表 12-7　svg_load 类方法的功能及使用方法

| | |
|---|---|
| 类方法 | svg_load（svgfile） |
| 参数 | svgfile：svg 格式文件 |
| 功能 | 加载 svg 文件，得到图片数据 |
| 示例 | svgdata = svg_load（svgfile） |

calc_polygon_fit 类方法的功能及使用方法见表 12-8。

表 12-8　calc_polygon_fit 类方法的功能及使用方法

| | |
|---|---|
| 类方法 | calc_polygon_fit（fit_size，arc_size） |
| 参数 | fit_size：目标图片尺寸<br>arc_size：像素尺寸 |
| 功能 | 根据 fit_size 和 arc_size 调整图片大小 |
| 示例 | svgdata = svg_load（svgfile）<br>svgdata.calc_polygon_fit（fit_size = Point（100，100），arc_size = 5） |

### 12.3.2　获取工作站的路径

在基于 Python 的 RoboDK API 中，获取工作站路径的方法见表 12-9。

表 12-9　getParam 方法

| | |
|---|---|
| 方法 | getParam（'PATH_OPENSTATION'） |
| 参数 | 'PATH_OPENSTATION'：当前 RoboDK 工作站 |
| 功能 | 获得当前 RoboDK 工作站的文件路径 |
| 示例 | RDK = Robolink（）<br>path_stationfile = RDK.getParam（'PATH_OPENSTATION'） |

### 12.3.3　判断工作站中是否存在指定对象

在基于 Python 的 RoboDK API 中，判断工作站是否存在指定对象的方法见表 12-10。

表 12-10　Valid 方法

| 方法 | Valid（） |
|---|---|
| 参数 | 无 |
| 功能 | 判断工作站是否存在指定对象<br>如果存在，返回 True；否则，返回 False |
| 示例 | part = RDK.Item（'工件'）<br>part.Valid（） |

### 12.3.4　删除工作站中的对象

在基于 Python 的 RoboDK API 中，删除工作站中对象的方法见表 12-11。

表 12-11　Delete 方法

| 方法 | Delete（） |
|---|---|
| 参数 | 无 |
| 功能 | 删除工作站中的对象 |
| 示例 | part = RDK.Item（'工件'）<br>if part.Valid（）：part.Delete（） |

### 12.3.5　对象复制和粘贴

在基于 Python 的 RoboDK API 中，复制和粘贴对象的方法见表 12-12。

表 12-12　复制和粘贴对象的方法

| 方法 | Copy（）、Paste（） |
|---|---|
| 参数 | 无 |
| 功能 | 对象的复制和粘贴 |
| 示例 | part = RDK.Item（'工件'）<br>frame = RDK.Item（'工件坐标系'）<br>part.Copy（）<br>frame.Paste（） |
| 示例说明 | 在工件坐标系下复制一个工件 |

### 12.3.6　设置对象的名称

在基于 Python 的 RoboDK API 中，设置对象名称的方法见表 12-13。

表 12-13　设置对象名称的方法

| 方法 | set Name（name） |
|---|---|
| 参数 | name：对象的名称 |
| 功能 | 设置工作站中的对象 |
| 示例 | part = RDK.Item（'工件'）<br> part.set Name（'新工件'） |

### 12.3.7　设置对象可见

在基于 Python 的 RoboDK API 中，设置对象可见的方法见表 12-14。

表 12-14　设置对象可见的方法

| 方法 | setVisible（visible，visible_frame） |
|---|---|
| 参数 | visible：True/False；True 表示对象可见，False 表示对象隐藏<br>visible_frame：True/False；True 表示坐标系可见，False 表示坐标系隐藏 |
| 功能 | 设置工作站中对象可见或隐藏 |
| 示例 | station = RDK.Item（'工作台'）<br>station.setVsible（True，False）<br>说明：设置工作台可见，工作台的坐标系隐藏 |

## 12.4　机器人写字仿真前的准备工作

在本案例中，工业机器人写字仿真要用到 svg 模块以及 svg 格式的图片，所以在仿真前需要做一些准备工作，即创建"工业机器人写字应用"文件夹，将包含 svg 模块的文件夹以及 svg 格式图片的文件放到"工业机器人写字应用"文件夹下。本案例中包含 svg 模块的文件夹为"svgpy"，svg 格式图片的文件夹为"svg_pic"。

新建"工业机器人写字应用"文件夹，如图 12-2 所示。

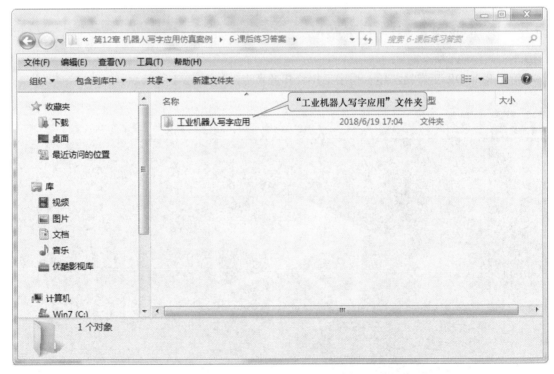

图 12-2　创建"工业机器人写字应用"文件夹

将"svg_pic"和"svgpy"文件夹放到"工业机器人写字应用"文件夹下，如图 12-3 所示。

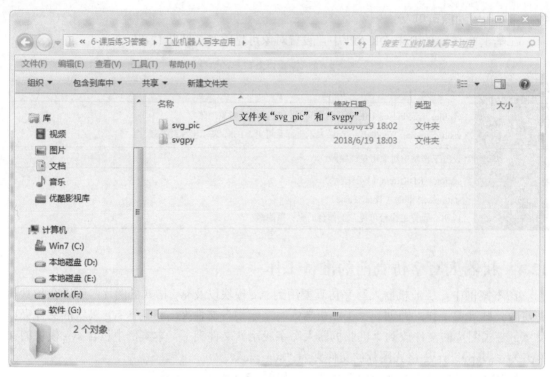

图 12-3　包含 svg 模块和 svg 格式图片的文件夹

## 12.5　构建机器人写字工作站

### 12.5.1　模型导入及布局

新建 RoboDK 工作站，导入写字工作台和像素点，如图 12-4 所示。

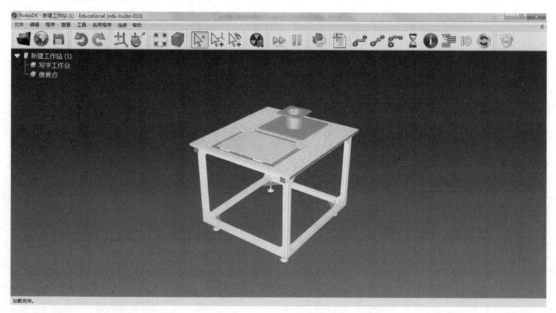

图 12-4　写字工作台

### 12.5.2　机器人模型导入及布局

　　导入机器人模型，并将机器人安装到底座上，如图 12-5 所示。本案例中采用的机器人型号为 ABB IRB 120-3/0.6，机器人基坐标系为（0，0，0，0，0，0）。

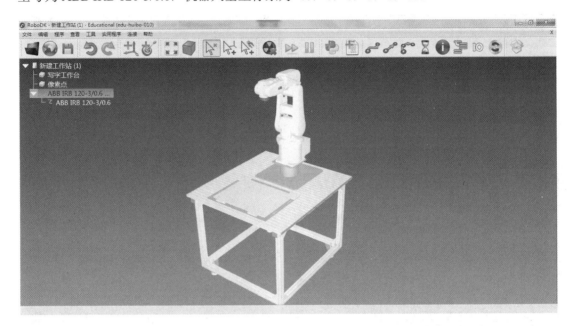

图 12-5　导入机器人

### 12.5.3　工具模型导入及布局

　　导入画笔工具，并安装到机器人末端法兰上，如图 12-6 所示。

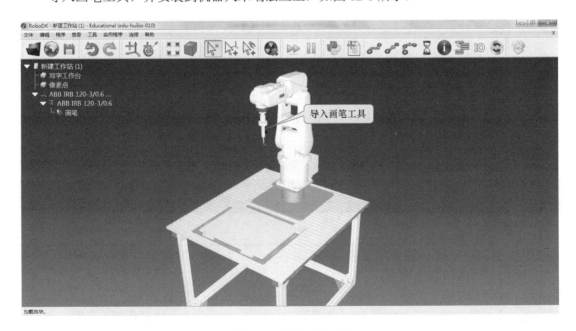

图 12-6　导入画笔工具

### 12.5.4 创建工件坐标系

创建写字坐标系,坐标系数值见表 12-15。

表 12-15 写字坐标系数值

| 坐标系名称 | 坐标系值(X, Y, Z, RZ, RY, RX) | 参照系 |
| --- | --- | --- |
| 写字坐标系 | (350, -150, -112, 0, 0, 0) | 机器人基坐标系 |

创建写字坐标系,如图 12-7 所示。

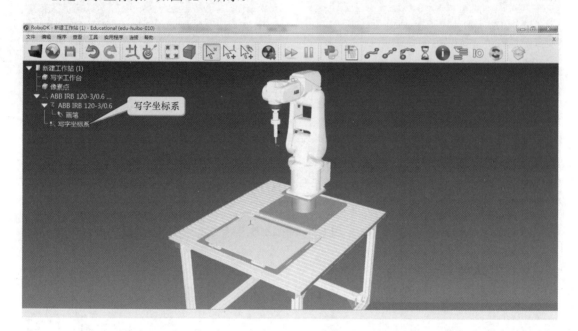

图 12-7 创建写字坐标系

### 12.5.5 导入模板

在"写字坐标系"下导入模板,布局参数见表 12-16。注意:该模板对象主要用于生成画板,机器人在画板上进行写字。

表 12-16 画板模板布局参数

| 名称 | 坐标系值(X, Y, Z, RZ, RY, RX) | 参照系 |
| --- | --- | --- |
| 模板 | (0, 0, 0, 0, 0, 0) | 写字坐标系 |

导入模板,如图 12-8 所示。

### 12.5.6 保存工作站

将工作站保存到"工业机器人写字应用"文件夹下,命名为"机器人写字工作站",如图 12-9 所示。

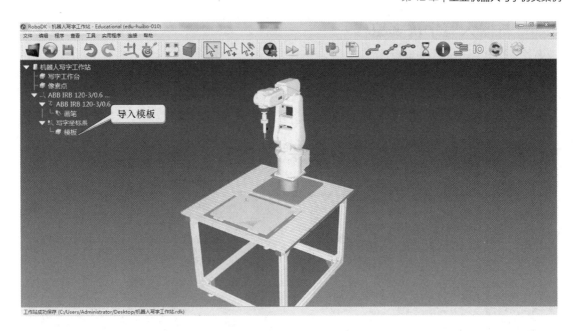

图 12-8　导入模板

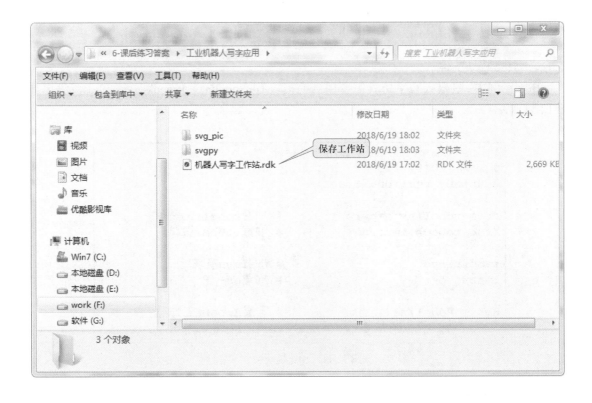

图 12-9　保存工作站

# 12.6 机器人写字仿真编程

## 12.6.1 创建 Python 仿真程序

创建 Python 仿真程序，并命名为"机器人写字仿真程序"，如图 12-10 所示。

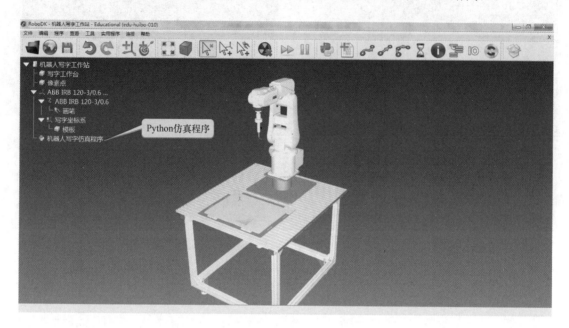

图 12-10　创建 Python 仿真程序

## 12.6.2 加载模块文件

在本案例中，机器人写字仿真需要用到的模块有：robolink、robodk、sys 和 os，程序如图 12-11 所示。

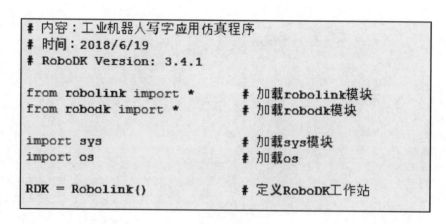

图 12-11　加载模块文件

## 12.6.3 定义工作站中的对象

定义工作站中对象的程序如图 12-12 所示。

```
# 定义工作站中的对象
robot = RDK.Item('ABB IRB 120-3/0.6')          # 定义机器人对象
write_frame = RDK.Item('写字坐标系')            # 定义写字坐标系：write_frame
write_tool = RDK.Item('画笔')                   # 定义写字工具
pixel = RDK.Item('像素点')                      # 定义写字像素点
image_template = RDK.Item('模板')               # 定义画板的模板
image = RDK.Item('画板')                        # 预定义工作站的画板
```

图 12-12　定义工作站中对象的程序

### 12.6.4　定义二维空间点转化为三维空间点的函数

二维空间点转化为三维空间点的函数如图 12-13 所示。

```
# 定义函数：将二维空间中的点转化为三维空间中的点（4×4矩阵）
def point2D_2_pose(point, tangent):
    return transl(point.x, point.y, 0)*rotz(tangent.angle())
```

图 12-13　二维空间点转化为三维空间点的函数

### 12.6.5　定义机器人写字函数

机器人写字函数如图 12-14 所示。

```
# 机器人写字程序
def svg_write_robot(svg_img, board, pix, item_frame, item_tool, robot):
    APPROACH = 100                                    # 定义常量APPROACH为100
    home_joints = [0,0,0,0,90,0]                       # 定义机器人的起始位置

    robot.setPoseFrame(item_frame)                     # 定义机器人的工件坐标系
    robot.setPoseTool(item_tool)                       # 定义机器人的工具坐标系
    robot.MoveJ(home_joints)                           # 机器人移动到起始位置

    orient_frame2tool = roty(pi)                       # 定义写字目标点的方向

    for path in svg_img:                               # 遍历svg_img中的path数据
        pix.Recolor(path.fill_color)                   # 根据svg图片中文字的颜色设置仿真时文字的颜色

        np = path.nPoints()                            # 获得该path路径中所有的点

        p_0 = path.getPoint(0)                         # 定义path中的第一个点
        target0 = transl(p_0.x, p_0.y, 0)*orient_frame2tool   # 将p_0转化为机器人目标点target_0(4×4矩阵)
        target0_app = target0*transl(0,0,-APPROACH)    # 定义目标点：target0_app
        robot.MoveL(target0_app)                       # 机器人移动到目标点target0_app

        for i in range(np):                            # 遍历np中所有的点
            p_i = path.getPoint(i)                     # 定义path路径中第i个点的值：p_i
            v_i = path.getVector(i)                    # 定义path路径中第i个点的方向：v_i
            pt_pose = point2D_2_pose(p_i, v_i)         # 将二维空间的点p_i转化为三维空间的点：pt_pose

            target = transl(p_i.x, p_i.y, 0)*orient_frame2tool   # 定义机器人写字的目标点：target

            robot.MoveL(target)                        # 机器人移动到目标点：target

            board.AddGeometry(pix, pt_pose)            # RoboDK工作站添加文字笔画

        target_app = target*transl(0,0,-APPROACH)      # 定义目标点：target_app
        robot.MoveL(target_app)                         # 机器人移动到目标点：target_app

    robot.MoveL(home_joints)                           # 机器人返回起始位置
```

图 12-14　机器人写字函数

### 12.6.6 机器人写字主程序

机器人写字主程序如图 12-15 所示。

```
######## 机器人写字主程序 #########

# 从svgpy文件夹中加载svg模块
path_stationfile = RDK.getParam('PATH_OPENSTATION')        # 获取当前工作站的路径
sys.path.append(os.path.abspath(path_stationfile))         # 将当前工作站的路径添加到系统路径中
from svgpy.svg import *                                     # 加载svg模块

# 指定所要写字的svg格式图片，并处理该图片数据
IMAGE_FILE = 'huibo_logo.svg'                              # 定义所需的svg格式的图片名称，用户可以修改
svgfile = path_stationfile + '/svg_pic/' + IMAGE_FILE      # 定义该图片所在的路径

svgdata = svg_load(svgfile)                                 # svg_load函数加载该图片，获得该图片的数据

IMAGE_SIZE = Point(200, 300)                               # 定义写字区域的大小
MM_X_PIXEL = 1                                             # 定义文字的分辨率
svgdata.calc_polygon_fit(IMAGE_SIZE, MM_X_PIXEL)          # 根据IMAGE_SIZE和MM_X_PIXEL调整svgdata
size_img = svgdata.size_poly()                            # 返回调整后的图片数据

# 开始写字前，删除工作站中已有的文字图片对象
if image.Valid() and image.Type() == ITEM_TYPE_OBJECT: image.Delete()

# 复制画板模板，生成新的对象，并命名为画板，设置其尺寸大小
image_template.Copy()                                      # 复制工作站中的对象：画板模板
image = write_frame.Paste()                                # 写字坐标系下粘贴画板模板
image.setVisible(True, False)                              # 复制得到的对象设置显示可见
image.setName('画板')                                      # 复制得到的对象设置名称为：画板
image.Scale([size_img.x/250, size_img.y/250, 1])          # 根据图片数据调整画板的尺寸大小

# 调用机器人写字程序
svg_write_robot(svgdata, image, pixel, write_frame, write_tool, robot)
```

图 12-15　机器人写字主程序

## 12.7　机器人写字离线程序

在 RoboDK 工作站中，选中"机器人写字仿真程序"，单击鼠标右键，选择"生成机器人程序"，如图 12-16 所示。

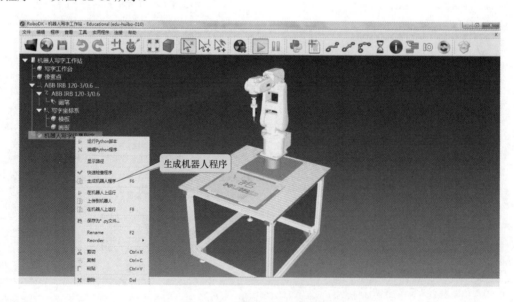

图 12-16　生成机器人离线程序

机器人写字离线程序如图 12-17 所示。注意：忽略中文对程序的影响。

```
MODULE MOD_机器人写字仿真程序

PERS wobjdata rdkWObj := [FALSE, TRUE, "", [[0,0,0],[1,0,0,0]],[[0,0,0],[1,0,0,0]]];
PERS tooldata rdkTool := [TRUE,[[0,0,0],[1,0,0,0]],[2.4,[0,0,15],[1,0,0,0],0,0,0.005]];
VAR speeddata rdkSpeed := [500,500,500,500];
VAR zonedata rdkZone := z1;
VAR extjoint rdkExtax := [9E9,9E9,9E9,9E9,9E9,9E9];

PROC main RoboDK()
    机器人写字仿真程序;
    EXIT;
ENDPROC

PROC 机器人写字仿真程序()
    !Program generated by RoboDK v3.4.1 for ABB IRB 120-3/0.6 on 19/06/2018 16:43:32
    !Robot stamp unset
    var robtarget crt;
    crt := CRobT(\Tool:=rdkTool, \WObj:=rdkWObj);
    rdkExtax := crt.extax;
    ConfJ \On;
    ConfL \Off;
    rdkWObj.uframe:=[[0.000,0.000,0.000],[1.00000000,0.00000000,0.00000000,0.00000000]];
    rdkWObj.oframe:=[[350.000,-150.000,-112.000],[1.00000000,0.00000000,0.00000000,0.00000000]];
    rdkTool.tframe:=[[0.000,0.000,191.000],[1.00000000,0.00000000,0.00000000,0.00000000]];
    MoveAbsJ [[0.000000,0.000000,0.000000,90.000000,0.000000],rdkExtax], rdkSpeed, rdkZone, rdkTool, \WObj:=rdkWObj;
    MoveL [[61.102,86.710,100.000],[0.00000000,0.00000000,1.00000000,0.00000000],[-1,0,-1,0],rdkExtax], rdkSpeed, rdkZone, rdkTool, \WObj:=rdkWObj;
    MoveL [[61.102,86.710,0.000],[0.00000000,0.00000000,1.00000000,0.00000000],[-1,0,-1,0],rdkExtax], rdkSpeed, rdkZone, rdkTool, \WObj:=rdkWObj;
    MoveL [[60.101,86.710,0.000],[0.00000000,0.00000000,1.00000000,0.00000000],[-1,0,-1,0],rdkExtax], rdkSpeed, rdkZone, rdkTool, \WObj:=rdkWObj;
    MoveL [[59.099,86.710,0.000],[0.00000000,0.00000000,1.00000000,0.00000000],[-1,0,-1,0],rdkExtax], rdkSpeed, rdkZone, rdkTool, \WObj:=rdkWObj;
    MoveL [[58.097,86.710,0.000],[0.00000000,0.00000000,1.00000000,0.00000000],[-1,0,-1,0],rdkExtax], rdkSpeed, rdkZone, rdkTool, \WObj:=rdkWObj;
    MoveL [[57.096,86.710,0.000],[0.00000000,0.00000000,1.00000000,0.00000000],[-1,0,-1,0],rdkExtax], rdkSpeed, rdkZone, rdkTool, \WObj:=rdkWObj;
    MoveL [[56.094,86.710,0.000],[0.00000000,0.00000000,1.00000000,0.00000000],[-1,0,-1,0],rdkExtax], rdkSpeed, rdkZone, rdkTool, \WObj:=rdkWObj;
    MoveL [[55.092,86.710,0.000],[0.00000000,0.00000000,1.00000000,0.00000000],[-1,0,-1,0],rdkExtax], rdkSpeed, rdkZone, rdkTool, \WObj:=rdkWObj;
    MoveL [[54.091,86.710,0.000],[0.00000000,0.00000000,1.00000000,0.00000000],[-1,0,-1,0],rdkExtax], rdkSpeed, rdkZone, rdkTool, \WObj:=rdkWObj;
    MoveL [[53.089,86.710,0.000],[0.00000000,0.00000000,1.00000000,0.00000000],[-1,0,-1,0],rdkExtax], rdkSpeed, rdkZone, rdkTool, \WObj:=rdkWObj;
    MoveL [[52.087,86.710,0.000],[0.00000000,0.00000000,1.00000000,0.00000000],[-1,0,-1,0],rdkExtax], rdkSpeed, rdkZone, rdkTool, \WObj:=rdkWObj;
    MoveL [[51.085,86.710,0.000],[0.00000000,0.00000000,1.00000000,0.00000000],[-1,0,-1,0],rdkExtax], rdkSpeed, rdkZone, rdkTool, \WObj:=rdkWObj;
```

图 12-17 机器人写字离线程序

# 12.8 学习总结与课后练习

## 12.8.1 学习总结

本章主要介绍了 svg 模块的相关知识以及在基于 Python 的 RoboDK API 中一些常用的函数方法，最后介绍了工业机器人写字仿真编程以及生成机器人写字离线程序的方法。

## 12.8.2 课后练习

1）基于本案例，完成机器人写字的仿真编程。

2）基于本案例，生成机器人写字离线程序。

# 参 考 文 献

[1]  叶晖，何智勇，杨薇．工业机器人工程应用虚拟仿真教程［M］．北京：机械工业出版社，2014．

[2]  胡伟，陈彬，吕世霞，等．工业机器人行业应用实训教程［M］．北京：机械工业出版社，2015．

[3]  魏志丽，林燕文，李福运．工业机器人虚拟仿真教程［M］．北京：北京航空航天大学出版社，2016．

[4]  叶晖．工业机器人典型应用案例精析［M］．北京：机械工业出版社，2013．